基于休闲期降雨的旱地小麦
氮肥调控模式及其水氮利用机制研究

余少波 杨 景 著

气象出版社
China Meteorological Press

内容简介

在黄土高原旱地生态系统,水分和养分共同制约着区域农业生产力水平。黄土高原旱作麦区属于典型的大陆性季风气候,降水量年际变化大,季节分配不均,且夏季降水强度大,加之土壤贫瘠,地表覆盖植物少,造成黄土高原干旱缺水与水土流失并存的严重农业生产问题。本书旨在系统分析旱作麦区农户施肥现状,探究旱作麦区休闲期降雨与产量的关系,明确基于休闲期降雨的年型划分方法,明确不同降雨年型适宜施氮量,解析降雨年型与施氮量对旱地小麦水氮高效利用及产量形成的影响及生理机制,基于休闲期降雨施氮的基础上筛选高产优质旱地小麦品种,评价基于休闲期降雨施氮的经济效益和土壤环境影响,为黄土高原旱作麦区高效生产提供理论依据与技术支撑。

图书在版编目（CIP）数据

基于休闲期降雨的旱地小麦氮肥调控模式及其水氮利用机制研究 / 余少波, 杨景著. -- 北京 : 气象出版社, 2024. 6. -- ISBN 978-7-5029-8223-2

Ⅰ. S512.106.2

中国国家版本馆 CIP 数据核字第 2024ET0525 号

基于休闲期降雨的旱地小麦氮肥调控模式及其水氮利用机制研究
JIYU XIUXIANQI JIANGYU DE HANDI XIAOMAI DANFEI TIAOKONG MOSHI JIQI SHUIDAN LIYONG JIZHI YANJIU

余少波　杨　景　著

出版发行：气象出版社
地　　址：北京市海淀区中关村南大街 46 号　　　　邮政编码：100081
电　　话：010-68407112（总编室）　010-68408042（发行部）
网　　址：http://www.qxcbs.com　　　　E-mail：qxcbs@cma.gov.cn
责任编辑：郝　汉　　　　　　　　　　　　终　审：张　斌
责任校对：张硕杰　　　　　　　　　　　　责任技编：赵相宁
封面设计：艺点设计
印　　刷：北京中石油彩色印刷有限责任公司
开　　本：710 mm×1000 mm　1/16　　　　印　张：11
字　　数：240 千字
版　　次：2024 年 6 月第 1 版　　　　　　印　次：2024 年 6 月第 1 次印刷
定　　价：78.00 元

前　言

　　黄土高原旱作麦区是黄土高原重要的产粮区之一,也是我国以生产小麦为主的古老旱作农业区,主要分布在山西、陕西和甘肃三省。由于受地理位置和自然环境的影响,该区旱地小麦产量低而不稳,主要是由于该地区坡耕地较多且地表植被覆盖率低,易发生水土流失以及严重的土壤风蚀、水蚀现象,土壤肥力逐年下降,加之该区主要属于半干旱气候类型,年雨量 300~700 mm,年际降雨差异大,约 60% 的降雨集中在 7 月、8 月、9 月,正值旱地小麦休闲期,小麦生育期与主要降雨季严重错位,因此,麦田极易受到水分胁迫的影响,导致产量波动幅度大。总之,干旱缺水、土壤瘠薄严重限制了黄土高原旱作麦区小麦生产。

　　水分与养分共同影响着旱地农田生态系统的生产力。水分的缺乏将会导致作物从土壤中吸收养分的三种机制——截获、质流和扩散受到抑制,使得土壤养分利用率低;而养分不足致使作物生长缓慢,有限的水分不能充分利用。在长期的农业生产过程中,黄土高原旱地麦田有 30% 左右的肥料氮残留于土壤中,氮肥利用率不足 30%。因此,如何根据该区降雨特征进行科学的肥料管理,提高旱作麦区的水肥利用效率和互馈作用,降低环境污染,保证旱地小麦高产高效,是旱地农业可持续发展的重要课题。

　　本书旨在系统分析旱作麦区农户施肥现状,探究旱作麦区休闲期降雨与产量的关系,明确基于休闲期降雨的年型划分方法,明确不同降雨年型适宜施氮量,解析降雨年型与施氮量对旱地小麦水氮高效利用及产量形成的影响及生理机制,基于休闲期降雨施氮的基础上筛选高产优质旱地小麦品种,评价基于休闲期降雨施氮的经济效益和土壤环境影响,为黄土高原旱作麦区高效生产提供理论依据与技术支撑。

　　本书是笔者在山西农业大学攻读博士期间主要工作的浓缩和提炼,该项工作得到了山西农业大学高志强教授、孙敏教授和薛建福副教授等诸多老师的悉心指导,同时得到了黄土高原特色作物优质高效生产省部共建协同创新中心、国家现代农业产业技术体系建设专项(CARS-03-01-24)、国家重点研发计划子课题(2018YFD020040105)和山西省"1331工程"重点创新团队建设计划等项目经费支持。在此特别感谢山西农业大学导师们的大力支持和鼓励。

本书由余少波和杨景合著,各撰写 12 万字内容。

作者
2023 年 11 月

目　　录

第 1 章

文献综述

我国小麦种植面积达 $2.37×10^7 hm^2$,约占全国粮食播种总面积的 20%;小麦总产量为 $1.34×10^8 t$,占全国粮食总产量的 20.1%(中华人民共和国国家统计局,2019)。其中,北方旱地小麦播种面积约占小麦总播种面积的 28%,达 $6.7×10^6 hm^2$(程玉红 等,2010),主要分布在山西、陕西、甘肃、河北、河南和山东等北方省份(邓妍,2014)。黄土高原旱作麦区是黄土高原重要的产粮区之一,也是我国以生产小麦为主的古老旱作农业区(付秋萍,2013),主要分布在山西、陕西和甘肃三省(赵红梅,2013),由于受地理位置和自然环境的影响,该区旱地小麦产量低而不稳,占全国小麦产量平均水平的 70% 左右(中华人民共和国国家统计局,2019)。

黄土高原旱作区地势广阔、土层深厚,黄土堆积几十米到一百多米(付秋萍,2013),全剖面土质均匀疏松、通透性好,但由于坡耕地较多且地表植被覆盖率低,易发生水土流失以及严重的土壤风蚀、水蚀现象,土壤肥力逐渐下降,土壤有机质和全氮含量低(张达斌,2016;郝明德 等,2003)。该区主要属于半干旱气候类型,年雨量 $300\sim700$ mm,年际降雨差异大,约 60% 的降雨集中在 7 月、8 月、9 月,正值旱地小麦休闲期,小麦生育期与主要降雨季严重错位(赵红梅,2013)。而冬小麦的需水量一般为 $400\sim550$ mm(段文学 等,2012),因此,小麦极易受到水分胁迫的影响,导致产量波动幅度大(Li et al.,2009;Ren et al.,2019)。总之,干旱缺水、土壤瘠薄严重限制了黄土高原旱作麦区小麦生产(池宝亮,2010;孙敏 等,2014)。

水分与养分共同影响着旱地农田生态系统的生产力(李世清 等,2000)。水分的缺乏将会导致作物从土壤中吸收养分的三种机制——截获、质流和扩散受到抑制,使得土壤养分利用率低;而养分不足致使作物生长缓慢,有限的水分不能充分利用(Ren et al.,2019)。在长期的农业生产过程中,黄土高原旱地麦田有 30% 左右的肥料氮残留于土壤中(李世清 等,2000;付秋萍,2013),氮肥利用率不足 30%(付秋萍,2013)。因此,如何根据该区降雨特征进行科学的肥料管理,提高旱作麦区的水肥利用效率和互馈作用,降低环境污染,保证旱地小麦高产高效,是旱地农业可持续发展的重要课题。

1.1 黄土高原旱作麦区生态特征

1.1.1 自然地理特征

黄土高原旱作麦区位于 $32°—41°N$、$107°—114°E$,海拔 $1500\sim2000$ m,地跨甘肃、宁夏、陕西、山西与河南等省(区)。除少数石质山地外,大部分地区为厚层黄土覆盖,厚度在 $50\sim89$ m,最厚达 $150\sim180$ m(曹寒冰,2017)。该区土壤结构疏松,耕性良好,且保水性良好,土壤类型主要为褐土、垆土和黄绵土(郭小芹 等,2011);由于气候干旱,该区土壤养分与空气直接接触,易受到氧化而损失,导致土壤团粒结构较差,土壤养分普遍缺乏。该区为东部平原丘陵向西部高原过渡、南部渭河阶地向北部风沙丘陵过渡、东南湿润季风气候向西北内陆干旱气候过渡的地带(曹华 等,2016),因此,其水资源短缺,人均河川径流水量相当于全国平均水平的1/5,可浇灌耕地均量不足全国平均水平的1/8,是水资源贫乏的地区(曹寒冰,2017)。该区浅层土壤水补给主要来源于大气降水,大部分地区地下水贫乏,且埋藏较深,大部分地下水在50~60 m以下,有的甚至达到100 m以下(狄美良,2002)。因此,该区土壤耕性和保水性好,利于农业生产,但土壤养分贫瘠,且无灌溉条件,农业生产对降水依赖性强。

1.1.2 气候特征

黄土高原旱作麦区属于典型的大陆性季风气候,从东南向西北,气候类型依次为半干旱气候和干旱气候(曹华 等,2016)。受极地干冷气团影响,该区春季和冬季寒冷干燥多风沙;在印度洋低压和西太平洋副热带高压的影响下,该区夏季和秋季炎热且多雨(陈兵 等,2006)。该区年均气温为7.1~10.3 ℃,最冷月为1月,平均气温为−7~−1 ℃,最热月为7月,平均气温在18~28 ℃;年大于0 ℃的积温变化幅度在2500~5600 ℃·d,日照时数为1900~3200 h,日平均气温10 ℃以上活动积温为2000~3000 ℃·d,无霜期120~250 d,气温日较差平均为10~16 ℃,季节分明和日温差大是该区域两个主要的气候特点(房世波 等,2011)。该区域冬季干冷,夏季湿热,秋季降温陡,春季升温快,年平均气温从西北到东南变化幅度在6~15 ℃(曹寒冰,2017)。该区平均年降水量300~700 mm,降水量年际变化大,呈逐年缓慢下降趋势,季节分配不均,60%以上的降水集中于7月、8月、9月,且降水强度大,往往一次暴雨量占全年雨量30%以上,是造成黄土高原干旱缺水与水土流失并存的主要原因之一(Zhang et al.,2014)。降水量在空间上分布也不均匀,由山地向平地、由东南向西北逐渐递减。因此,黄土高原旱作麦区光温资源丰富,有利于农业生产,但水资源短缺且极不均匀的降水时空分配又成为影响该区域农业生产的重要因素。

黄土高原旱作麦区具有独特的自然生态特征和农业生产优势,但长期以来受干旱缺水和土壤贫瘠双重制约,旱地小麦产量低而不稳。因此,如何同时顺应降雨特征和土壤贫瘠问题,应变且灵活地进行肥料管理,是旱作麦区生产上亟待解决的问题。

1.2 水分与氮肥对土壤养分有效性的影响

1.2.1 水分对土壤养分有效性的影响

自然降雨是黄土高原旱地麦田的唯一水分来源,直接决定土壤水分状态,土壤水分又直接影响着土壤养分的转化及迁移能力(郝明德 等,2003)。土壤含水量与土壤有机矿化量氮、土壤 NH_4^+-N(铵态氮)的硝化速率之间存在显著的线性正相关关系(Stanford et al.,1974;汪德水,1995),且随着土壤含水量升高,土壤中的有机氮矿化为硝态氮(NO_3^--N)的量逐渐增多(汪德水,1995)。李华(2012)和刘晋宏(2014)在黄土高原南部的研究表明,增加土壤表层底墒能增加表层硝态氮含量,并避免硝态氮向下层土壤淋溶。周荣等(1994)认为,低水肥处理下,土壤 NO_3^--N 含量较低,垂直运动集中在 40 cm 以内,40~60 cm(数字的阈值为左包含右不包含,下同)变化不大;中水肥处理下,土壤 NO_3^--N 相对过高,垂直运行明显比低水肥处理高,达到60~80 cm,有一定深层淋失;高水肥处理下,土壤 NO_3^--N 含量很高,但降落较快且淋失也最大。张玉铭等(2006)通过多组水肥组合试验的研究表明,随着施氮量和灌溉量的增加,土壤剖面中硝态氮累积峰的峰值增加、峰厚度加厚、出现位置加深,且根区外硝态氮含量亦显著增加,极大地提高了硝态氮的淋失风险。土壤水分缺乏时,土壤氮素矿化受限,矿质氮从土壤向根系表面的质流和扩散减弱,影响植株吸收;土壤水分过多时,硝态氮的淋失风险变高;适宜的土壤水分条件下,土壤有效氮素供应充足,有利于植株吸收,且减少硝态氮向土壤深层的淋溶损失(Li et al.,2009;王朝辉 等,2004)。

因此,在黄土高原旱作麦区,自然降雨的波动性决定了土壤水分条件的变异性和矿质氮从土壤向作物根系表面的运动,且土壤 NO_3^--N 在垂直方向的分布将会受到显著影响,旱地小麦的肥料管理应该充分考虑自然降雨的影响。

1.2.2 氮肥对土壤养分有效性的影响

氮肥投入量直接影响土壤中矿质氮量,当投入量大于作物需求量时,氮素将在土壤中积累残留(曹寒冰,2017)。巨晓棠等(2003)研究表明,黄淮海地区作物收获后土壤中硝态氮积累可达到72~342 kg(N)·hm^{-2},且与施氮量的关系为线性显著正相关;Liang 等(1994)在旱作区的研究表明,0~100 cm 土壤硝态氮含量与施肥量呈幂指函数关系;李世清等(2004)在黄土高原连续 4 a 的田间试验表明,施氮量75 kg(N)·hm^{-2} 不会发生土壤 NO_3^--N 残留累积,当施氮量高于 112.5 kg(N)·hm^{-2} 时,在0~120 cm 土层中 NO_3^--N 积累量显著增加。需要明确的是,氮肥的肥效远不止于对当季作物的增产作用,播前投入农田的氮肥,在当季作物收获后,有相当数量残留于土壤中(约30%),供下茬作物利用(李世清 等,2004),即氮肥的后效作用。樊军等(2003)研究表明,不考虑气体挥发损失,土壤中残留的肥料氮对后续的三季作物均有明显的增产作用;李生秀等(1993)研究认为,土壤残留硝态氮与后作小麦的产量和氮素积累量均呈显著线性正相关关系。因此,适当的硝态氮残留有利于作物的生长,同时也在一定程度上补充了土壤氮素,但需要明确合理的氮残留范围(樊军 等,2003;曹寒冰,2017)。党延辉(2005)在黄土旱塬的研究表明,硝态氮累积警戒值在 120~135 kg(N)·hm^{-2},当土壤中硝态氮累积高于警戒值时,继续增加施氮量会显著提高土壤剖面中硝态氮的累积峰值和积累量;曹寒冰(2017)研究认为,黄土旱塬硝态氮安全阈值为 $55\sim120$ kg(N)·hm^{-2},通过合理施氮维持硝态氮安全阈值可有效减少氮素淋失,减少环境潜在威胁,并提高氮肥利用率。因此,在黄土高原旱作麦区,当季小麦收获后残留在土壤中的矿质氮量可以作为评价氮肥施用量是否合理的标准之一。

1.2.3 水氮耦合对土壤养分有效性的影响

肥料管理措施直接影响着作物对水分的吸收利用,而土壤水分状况不仅影响肥料效应的发挥,还对养分在土壤中的转化、迁移、累积有着重要作用,土壤水分的垂向运移是养分淋溶损失的关键驱动力(汪德水,1995;付秋萍,2013)。在华北平原,大水漫灌是主要的灌溉方式,灌溉量远远超过了作物需水量,过量灌溉与过量施氮已导致土壤硝态氮在耕层以下大量累积并有逐年下移趋势。肥料淋溶损失严重,这不仅造成肥效下降,更会造成土壤退化和下游水体富营养化等环境问题(刘兆辉 等,2001;张玉铭 等,2006;袁巧霞 等,2007)。土壤硝态氮作为土壤中作物吸收氮的有效形式,不易被土壤颗粒吸附,而易随水移动,再加之大水漫灌,土壤硝酸盐易随漫灌水在表层土壤积聚,出现耕层土壤盐积聚,造成耕地盐渍化(刘兆辉 等,2001)。杨治平等(2007)研究表明,合理搭配施用肥料及适宜的灌水量,可以减少硝态氮在土壤中的累积,实现肥料的高效利用,减轻施肥对环境的负面影响。邢维芹等(2003)研究表明,隔沟灌溉水肥同区处理的速效氮在剖面上垂直运动明显,处理后 15 d,速效氮均匀地分布于 $0\sim100$ cm 土层内;而隔沟灌溉水肥异区处理的速效氮垂直运动和水平运动程度小;水肥异区养分的淋溶深度较小,淋失的可能性小。袁静超等(2011)研究表明,较低灌溉量下,施肥量对不同时间土壤硝态氮的影响均不明显;高灌溉量下,增加施肥量提高了土壤硝态氮 $0\sim100$ cm 土层剖面的分异程度,且低灌溉量+高施肥量处理的土壤硝态氮积累量最大,高灌溉量+高施肥量组合土壤硝态氮积累量最小。也有研究认为,在小麦各关键生育时期,土壤中硝态氮含量对灌水量的反应敏感,但到收获后,各灌水施肥处理下土壤剖面中全氮、硝态氮含量差异不显著,灌水只会影响其在纵向上的分布,这说明小麦的根系活性也对土壤氮素残留有较大的影响(王凤新 等,1999)。

1.3 水分对旱地小麦产量形成的影响

1.3.1 植株氮素吸收利用

土壤水分状况能够影响土壤养分有效性,从而影响作物对养分的吸收利用(任爱霞 等,2017)。史培等(2010)研究表明,播前 $0\sim300$ cm 土壤蓄水量依次为491 mm、529 mm 和 685 mm,旱地小麦成熟期氮素积累量分别为 109 kg(N)·hm^{-2}、113 kg(N)·hm^{-2} 和 172 kg(N)·hm^{-2},干旱条件下的小麦氮素积累量较湿润条件下降低 37%。胡昌录(2020)研究认为,冬小麦生育前期的土壤水分直接影响到冬小麦根系的发育,间接影响土壤养分的吸收及养分在作物体内的循环,进而对地上部分的产量构成产生影响。赵振达等(1979)研究表明,小麦开花期的土壤含水量在萎蔫系数以下时,氮素几乎不能被小麦的根系吸收,随着土壤含水量在一定范围内增加,植株氮素积累量和氮肥利用效率逐渐提高。深层土壤水分对作物养分吸收有非常重要的作用。Kirkegaard 等(2007)利用遮雨棚模拟试验表明,冬小麦的根系从深层土壤吸收水分,根系下扎深度每增加 10 mm,氮素积累量则增加 33 kg(N)·hm^{-2}。Ren 等(2019)在山西闻喜旱地的研究表明,80~220 cm 土层水分与小麦花前的氮素吸收显著相关,220~300 cm 深层土壤水分与小麦花后的氮素吸收显著相关。

旱地麦田土壤水分条件受到自然降雨波动的显著影响,矿质氮从土壤向根系表面的质流和扩散受到土壤干旱的制约,使得作物的养分吸收、积累以及产量形成受到影响,同时,也增加了土壤硝态氮的淋失。因此,依据自然降雨应变地投入肥料,对于提高旱地小麦产量以及肥料利用率、减少环境风险有重要意义。

1.3.2　产量及其构成因素

充足的土壤底墒可为旱地小麦生长发育提供水分供给调节,以便御寒御旱(王明友 等,2008),是旱区冬小麦丰产的重要保证。尤其是播前底墒对小麦产量的决定性作用,有时比生育期降雨更强(李玉山 等,1980)。史国安等(2000)的研究也认为,播前底墒在促进小麦分蘖成穗、穗粒数及产量形成的贡献大于生育期降雨;Shangguan 等(2002)对黄土高原旱地麦区播前降雨与小麦生长发育的研究表明,充足的播前雨量有利于小麦良好出苗,且可供给小麦越冬期、返青期直至拔节期,反之则会显著降低出苗率、籽粒产量。美国中部连续 9 a 的定位试验显示,播前土壤水分与冬小麦产量呈显著的线性正相关关系,而且平水年和丰水年的斜率是干旱年的 3.6 倍(Nielsen et al.,2002)。黄土高原地区的试验结果表明,播前土壤蓄水量与旱地小麦产量呈极显著正相关(廖允成 等,2002;Wang et al.,2009;Zhang et al.,2013)。陕西渭北、山西晋南和甘肃陇东旱作麦区,播前土壤蓄水量与小麦籽粒产量呈显著线性正相关,尤其在干旱年的相关性更高(Zhang et al.,2013)。罗俊杰等(2009,2010)研究表明,底墒在一定水分区段内是决定产量的主导因素,小麦产量与播前底墒有显著的相关性($R=0.777$),高底墒较中、低底墒冬小麦产量分别提高 28%、30%,水分利用效率分别提高 70%、75%。底墒对冬小麦产量的贡献率达 38.6%,即:近40%的冬小麦产量由播前底墒决定(Wang et al.,2009;Zhang et al.,2013)。李凤民等(2001)研究认为,播前浇灌改善土壤底墒是作物生长的启动因子,播前浇灌底墒水可大大增加前期土壤供水,促进根系生长下扎,促进小麦穗数增加,为高产奠定基础。且Yu 等(2021)研究表明,播前底墒水每增加 1 mm,旱地小麦产量增加 6.1 kg·hm^{-2}。华北平原遮雨棚模拟试验表明,播前 2 m 剖面有效水在 60%~70%时,每增加10 mm 土壤水,小麦产量增加 370 kg·hm^{-2}(An et al.,2003)。孟晓瑜等(2012)在黄土高原地区研究表明,每 1 mm 播前底墒水能形成 10.6～11.4 kg·hm^{-2}小麦籽粒产量。

降雨分布与小麦产量关系密切,如果小麦关键生育期前期的雨量不足,出现土壤水分亏缺,就会显著影响小麦的生长发育,造成减产(Yu et al.,2021)。姚宁等(2015)研究表明,对小麦越冬期和返青期进行遮雨干旱处理,小麦植株干物质积累量和穗数明显下降,并且后期复水也不能弥补干物质积累量和穗数损失。小麦生育期的降雨分布同样显著影响小麦生长发育,McMaster 等(2004)研究表明,小麦在分蘖期受到干旱胁迫会显著减少单位面积穗数;Hochman(1982)研究表明,干旱胁迫若发生在小麦孕穗期(麦穗形成的重要窗口期),会显著减少小麦穗粒数;Bindraban 等(1998)研究表明,干旱胁迫如果发生在灌浆期,会显著影响籽粒灌浆,降低小麦千粒重。

1.4 氮肥对旱地小麦产量形成的影响

1.4.1 植株氮素吸收利用

合理施氮不仅能保障作物的氮素需求、提高作物氮肥利用效率,也能保证土壤氮素储备和循环的可持续性(曹寒冰,2017)。Ju 等(2011)研究表明,约 45% 的小麦植株氮素来源于当季施入土壤中的氮肥,另外 55% 的氮素则由土壤氮素来提供,当土壤中储备氮素较低时,小麦从当季投入氮肥中吸收的氮素可提高至 68%。赵新春等(2010)和 Sebilo 等(2013)研究认为,旱地小麦当季氮肥的利用率仅为 30%～50%,而当季残留的肥料氮素一部分会贮存于土壤中被下季作物吸收利用;另一部分会参与土壤微生物氮代谢循环,科学合理的肥料管理,可将肥料氮的累积利用率提高至 80%。小麦根系对土壤氮素的吸收是由根系 NO$_3^-$转运系统来完成的,根尖的 NO$_3^-$转运系统密度决定了根系吸收能力(Crawford et al.,1998)。因此,根系大小和单位根系的吸收速率是影响植物吸收氮素的两个最重要因素,密集的根毛以及外生菌的存在可以增加根系吸收面积,促进植物对氮素的吸收(梁银丽 等,1996;霍常富 等,2007)。Bernard 等(2009)研究认为,虽然作物根系对氮素的吸收受到多种环境因素的综合影响,但通过合理施氮可以改善根际环境,为根系主动吸收氮素提供有利的条件,从而增加根系的氮素吸收,尤其是花前的氮素吸收。Ren 等(2019)在山西闻喜旱地的研究表明,合理施氮显著提高了小麦根系生物量和植株的花前氮素积累量。张娟(2014)研究表明,合理施氮显著增加了小麦根长密度和根表面积,提高了植株花前氮素积累量。对于旱地小麦而言,花前的氮素积累是全株氮素积累的主要组成部分,占 65%～75%,也是花后氮素转运的主要来源(Dordas,2009)。Ercoli 等(2008)研究表明,适量氮肥处理能够提高小麦花前氮素转运量,达 40%,同时氮素转运效率显著提高。而过量施氮将会显著降低小麦花前氮素积累向籽粒的转运,降低氮肥利用效率和氮收获指数(Papakosta et al.,1991)。段文学等(2012)研究表明,旱地小麦氮素利用效率和转运效率随施氮量的增加先升高后降低。王秀斌等(2009)研究表明,冬小麦氮肥转运率、氮肥农学效率和氮肥偏生产力均随施氮量的增加呈先增加后降低的趋势。冯洋(2014)的研究认为,氮肥的合理施用可以显著提高氮肥利用率和氮肥转运效率,获得较高的地上部分氮素积累量、氮肥利用率以及籽粒产量。因此,合理施氮对提高小麦氮素利用效率和氮素转运效率至关重要。

1.4.2 产量及其构成因素

施用化肥是提高作物产量、保证国家粮食安全的主要措施。我国土壤肥力监测网在全国各生态类型地区的研究表明,长期无化肥投入的小麦、水稻和玉米产量分别为 1286 kg·hm^{-2}、3255 kg·hm^{-2} 和 3610 kg·hm^{-2},而长期施用氮肥、磷肥和钾肥的小麦、水稻和玉米产量分别为 3933 kg·hm^{-2}、6429 kg·hm^{-2} 和 5335 kg·hm^{-2}(徐明岗 等,2015;曹寒冰,2017)。

氮肥的产量效应较高,对作物产量形成的影响更直接(曹寒冰,2017)。2000—2011 年,全国小麦施肥效应试验表明,我国小麦产量的氮肥效应(施氮产量－不施氮产量)达 1670 kg·hm^{-2}。在关中地区,长期施用 0 kg(N)·hm^{-2}、80 kg(N)·hm^{-2}、160 kg(N)·hm^{-2}、240 kg(N)·hm^{-2} 和 320 kg(N)·hm^{-2} 氮肥处理的旱地小麦产量分别为 2800 kg·hm^{-2}、5106 kg·hm^{-2}、5585 kg·hm^{-2}、6040 kg·hm^{-2} 和 6238 kg·hm^{-2},氮肥的增产效应显著(戴健,2016)。但随着施氮量的升高,单位氮肥投入的小麦增产量在逐渐降低,当氮肥投入达到一定水平后,小麦籽粒产量将不再增加,甚至出现产量的小幅度下降(Yu et al.,2021)。在黄土高原旱作区的研究同样表明,施氮能显著提高冬小麦籽粒产量及地上部分总吸氮量,但过量施氮时小麦的籽粒产量和地上部分干物质积累量增加不显著。一般来讲,在土壤有机质较高的耕地,其产量平台值更高,且达到平台产量所需的氮肥量更高。Hamnér 等(2017)研究表明,在美国中部土壤有机质为 18 g·kg^{-1} 以上的试验田块,随着氮肥投入增加(80 kg(N)·hm^{-2}、160 kg(N)·hm^{-2}、240 kg(N)·hm^{-2} 和 320 kg(N)·hm^{-2}),小麦产量逐渐增加,且增产幅度并没有因大量氮肥投入而降低,产量分别达 5900 kg·hm^{-2}、7000 kg·hm^{-2}、9800 kg·hm^{-2} 和 13700 kg·hm^{-2}。但在黄土高原旱作麦区的研究结果表明,高产地块氮肥对小麦的增产增效作用减弱,各品种间对氮肥的响应有差异,大多数品种在施氮量 180 kg(N)·hm^{-2} 时获得最高产量,进一步追施氮肥其产量变化不显著,这可能与土壤水分的限制有关。

合理施氮可以保证旱地小麦基本苗足量,促进分蘖,增加穗数、千粒重和穗粒数(刘芬 等,2013)。通过合理施氮补充土壤养分,是保证小麦在各关键生育阶段正常生长发育的有效手段,是提高产量及其构成因素形成的关键措施(曹寒冰,2017)。适量增施氮肥能增加冬小麦分蘖力和促进穗花发育,使穗粒数和单位面积穗数增加。施氮量显著影响小麦穗粒数,并且随着施氮量的增加,影响程度也增加,而千粒重与施氮量无显著相关性。在黄土高原旱作区的研究表明,单位面积穗数随播前施氮量的增加而增多,穗粒数、千粒重与施氮量无显著相关性。

1.5 水氮耦合对旱地小麦产量形成的影响

1.5.1 生长发育特性

水肥对冬小麦生长具有耦合作用,二者相互制约(付秋萍,2013)。在作物—水分—养分耦合关系中,增施肥料是为了培肥地力,其核心是增加土壤有机质含量,进而改善土壤物理性状,建立高效土壤水库,实现以肥调水、以水促根、以根抗旱的目标(曹寒冰,2017)。土壤水分对小麦根系生长的影响往往与其他因素结合在一起,因为土壤含水量的变化将引起土壤中化学因素和物理因素的改变(王凤新 等,1999)。土壤水分含量增加,化学因素的作用会增强,特别是养分有效性会提高;土壤水分含量减少,则物理因素的作用增强,特别是机械阻抗会迅速加大,不利于根系生长(付秋萍,2013)。当水分过多时,又会导致通气不良;投入养分可以提高土壤肥力,促进根系生长、增加根毛密度、扩大根系觅取水分和养分的土壤空间、增强根系生理功能,从而明显提高作物对土壤水分和养分的利用率(张喜英 等,1994;张和平等,1993)。但过量施氮则会抑制深层土壤的根系生长,从而减少作物对深层土壤NO_3^--N和水分的利用(张和平 等,1993)。总之,旱地条件下合理施肥,可以扩大作物根系延伸范围,增强根系综合活力(Ren et al.,2019;曹寒冰,2017)。前人在施肥对小麦根系影响的研究中发现,在水分较少的情况下,氮磷肥配施可增加旱地小麦根系的数量和扎根深度,也能增加根系的密度和生长量,合理施肥还提高了根系活力(付秋萍,2013;张喜英 等,1994)。梁银丽等(1996a)研究表明,在黄土区坡耕地土壤较瘠薄条件下,提高土壤肥力可促进作物根系生长,使根系加粗、根数和根量增加,扩大对土壤深层水分的利用。充分利用水分和养分之间的耦合效应,可以最大限度地促进根系发育,增强根系活力,提高根系的吸收能力,使水分、养分发挥最大的增产效果;根的发育程度又反过来影响着养分及水分的迁移和分布(付秋萍,2013;张喜英 等,1994)。因此,凡是影响根系吸收能力的各种因素,如根系的年龄、根量、温度条件等,都明显地影响土壤中水分、养分的迁移及分布,进而改善土壤水分和养分的供应强度和容量;可通过改善根系生长来间接地影响根系吸收能力,进而影响水分、养分在土壤中的迁移及分布(梁银丽 等,1996b;张喜英 等,1994)。

水分和养分既是影响旱地农业生产的主要胁迫因子,也是一对联因互补、互相作用的因子,水分提高养分有效性,养分增加水分利用效率(付秋萍,2013;张立新等,1996;徐萌 等,1992)。而在旱地麦区,降雨的季节性变化所引起的干旱胁迫是散见性的,作物生长发育往往是一个"干、湿交替"的过程;不同的土壤水分条件导致施肥效果的差异非常明显(付秋萍,2013)。戴庆林等(1995)研究认为,渭北地区旱地小麦生育期雨量少于 109 mm 时,氮磷肥效较低,小麦地上部分干物质积累量在氮磷肥处理之间没有差异,反之则差异显著。李生秀等(1993)的研究结果表明,在底墒350 mm 以上,低肥力田块增大施肥量能使作物产量成倍提高;而在底墒 350 mm 以下,低肥力田块施肥的增产效果明显降低,施肥与灌水效果接近,且灌水与施肥对产量有耦联效应。Shimsh(1970)指出,水分和氮素的供应对作物生产的共同影响,可以用李比希的最低因子定律求出近似值:把水分限制下的作物生物量(YW)与氮素限制下的作物生物量(YN)加以对比,当雨量低于 200 mm 时,YW<YN,作物的生物量主要受水分供应的限制;当雨量在 200~400 mm 时,YW>YN,作物的生物量主要受氮素供应的限制。大量研究认为,水肥之间的交互作用除了与土壤水分状况以及与之相适应的肥料用量有关之外,还与土壤肥力以及作物不同生育阶段的需水需肥规律有密切关系(关军锋 等,2002;翟丙年 等,2002)。程宪国等(1996)研究表明,在拔节—开花阶段土壤水分缺乏,小麦对养分的截获、质流和扩散均受到抑制,小麦籽粒产量受到较大影响;但是越冬—拔节阶段水分缺乏,小麦的养分吸收未受到显著影响。翟丙年等(2002)通过模拟试验研究发现,冬小麦越冬期施氮与土壤含水量的交互作用比苗期施氮与土壤含水量的交互作用显著。另有研究表明,小麦对氮素和磷素的吸收随土壤含水量的增加而增加,土壤相对含水量在 54%~67% 时,水肥交互作用属于李比希协同作用类型;土壤相对含水量达到 80% 时,水肥交互作用则转变为顺序加和性类型(关军锋 等,2002)。

1.5.2　产量及其构成因素

许多研究均显示,在土壤水分没有限制时,增加化肥施用量会显著提高作物产量(高雪玲 等,2007;刘一,2003;古巧珍 等,2004),且土壤水分与肥料的互作效应会随肥料种类、施肥量、施肥时期及肥料搭配比例不同而出现差异(徐学选 等,1999)。高雪玲等(2007)研究表明,在水分充足条件下,氮肥对穗粒数增多有显著促进作用,磷肥对小麦分蘖、成穗数和千粒重增加有显著促进作用;但在水分亏缺条件下,氮肥和磷肥的肥效没有差异。梁银丽等(1996a)研究表明,在水分胁迫下,氮磷肥施用量对小麦产量的影响呈抛物线形分布,随水分胁迫加剧,施氮肥的效果逐渐降低,而施磷肥的效应增加,因此,在水分胁迫下增施磷肥可缓解干旱造成的影响。张立新等(1996)研究表明,关键生育时期灌溉对实现小麦高产非常重要,且水分胁迫会影响施肥的效果,进而对植物生长发育和产量产生不利影响。李生秀等(1993)研究认为,在水分充足的条件下,有机肥料的养分效应能完全发挥,但是仅施氮肥或磷肥,难以满足作物对养分的正常需求;有机肥料和氮肥配合,既能提高氮肥的肥效,也能提高有机肥料的肥效;反之,有机肥料、氮肥和磷肥配合以后,三者均难以充分发挥作用,肥效相应降低。在黄土高原旱地麦区长期的定位试验表明,不同施氮量下,小麦产量随降水量变化呈现波动性,高产农田土壤干燥化趋势明显,是造成高产农田产量波动的直接原因,低产农田产量波动则是由于作物吸水能力弱而引起的(李秧

秧 等,2000)。高产农田降雨入渗深度浅,将削弱土壤水库的供水调节能力,作物产量受降水量影响十分显著(刘来华 等,1996)。李开元等(1995)研究表明,限制黄土高原沟壑区作物的最主要因素是养分供应,而不是水,在试验中的所有灌水条件下,施肥对冬小麦的经济性状都有明显的正效应;而只有在施肥的条件下,灌水才有正效应,否则灌水反而有负效应。钟良平等(2004)研究表明,生产力水平较低时,肥是首要限制因子;随着化肥投入的增加和生产力水平的提高,水分因子逐渐转化成为首要限制因子。刘文兆等(2002)在旱作麦区采用作物水分生产弹性系数,说明产量—耗水量—水分利用效率间的内在联系,探讨了作物水肥优化耦合区域及其几何特征,认为黄土高原地区主要限制因子研究经历了一个随生产发展而不断深化的过程。

1.6 旱地小麦肥料管理

1.6.1 农户施肥现状

我国的化肥施用量随年代的推进逐渐上升(张福锁 等,2008)。20 世纪 70 年代到 90 年代初,我国化肥用量翻倍,超过 $2.0×10^7$ t(李家康 等,2001)。20 世纪 90 年代开始,我国化肥用量大幅度增加,到 2008 年化肥总用量达到 $5.2×10^7$ t,中国成为全球化肥第一消费大国(张福锁,2016)。1970—2010 年,中国粮食总产量从 $2.4×10^8$ t 增加到 $5.5×10^8$ t,增幅 128%,而总化肥投入量由 $0.35×10^7$ t 增加到 $5.6×10^7$ t,增幅 1485%,化肥消费量增长幅度远大于粮食产量增长幅度;1980—2012 年,我国单位耕地面积施肥量从 195 kg·hm^{-2} 上升至 480 kg·hm^{-2}(刘钦普,2014)。

分析农田尺度下农户的施肥管理情况,能够清晰了解农户习惯的化肥用量以及施肥习惯,并掌握肥料的投入合理性(曹寒冰,2017)。黄土高原旱作麦区不同年代农户小麦生产调研资料表明,1970—2010 年,农户小麦平均产量与平均施肥量均持续上升,小麦产量从 1.9 t·hm^{-2} 逐步上升至 4.5 t·hm^{-2},施氮量从 45 kg(N)·hm^{-2} 上升至 200 kg(N)·hm^{-2},施磷量从 15 kg(P_2O_5)·hm^{-2} 上升至 68 kg(P_2O_5)·hm^{-2};20 世纪 80 年代以后,旱作麦区农户开始施入钾肥,平均施用量为 25 kg(K_2O)·hm^{-2}(王圣瑞 等,2003;李茹 等,2015;刘芬 等,2015;赵护兵 等,2016;曹寒冰,2017)。刘芬等(2015)针对黄土高原渭北旱源的农户调研表明,黄土高原旱地农户习惯的氮肥和磷肥用量普遍过高,分别高 89% 和 75%,平均施用量分别达 226 kg(N)·hm^{-2} 和 115 kg(P_2O_5)·hm^{-2};农户的习惯氮肥、磷肥用量远高于钾肥用量,这主要是由于 70% 以上旱作麦区农户不施钾肥。农户不合理施肥会使土壤养分失衡,Wang 等(2014)研究表明,黄土高原当前氮素盈余量达到 74 kg(N)·hm^{-2},磷素盈余量达到 65 kg(P_2O_5)·hm^{-2}。黄土高原旱作小麦产量低而不稳,但施肥量却与其他地区差异不大,肥料的利用效率较低(曹寒冰,2017)。山西晋南地区和陕西关中地区小麦施氮量分别为 185 kg(N)·hm^{-2} 和 195 kg(N)·hm^{-2},但晋南小麦平均产量仅 3300 kg·hm^{-2},比关中小麦低 1100 kg·hm^{-2},晋南农户施氮的氮肥偏生产力仅能达到 23 kg·kg^{-1}(Wang et al.,2014;Liu et al.,2016)。刘芬等(2013)研究表明,黄土高原旱作麦区小麦氮肥、磷肥和钾肥的农学效率分别达到 6.4 kg·kg^{-1}、7.1 kg·kg^{-1} 和 7.1 kg·kg^{-1},施肥优化后氮肥、磷肥和钾肥的农学效率分别上升至8.3 kg·kg^{-1}、8.3 kg·kg^{-1} 和 10.0 kg·kg^{-1},肥效有明显提升。张魏斌等(2016)在山西闻喜连续 3 a(2012—2014 年)的农户调研结果表明,农户施氮和施磷量分别为 152 kg(N)·hm^{-2} 和 120 kg(P$_2$O$_5$)·hm^{-2},氮肥偏生产力仅为 15 kg·kg^{-1},接近 60%的农户施氮不足。陈伟等(2013)在甘肃定西连续 2 a(2008—2009 年)的调研结果发现,农户平均施氮、磷和钾肥量分别为 131 kg(N)·hm^{-2}、40 kg(P$_2$O$_5$)·hm^{-2} 和 0 kg(K$_2$O)·hm^{-2},平均产量 2500 kg·hm^{-2},氮肥偏生产力仅有 19 kg·kg^{-1}。相比我国其他地区,黄土高原旱地小麦区域施肥量低,农户调研数据表明,黄土高原旱作麦区农户的肥料利用效率同样很低,氮肥偏生产力为 15~23 kg·kg^{-1}(曹寒冰,2017)。值得注意的是,调查农户的小麦产量和施肥量变化很大,同样在氮肥偏生产力很低的情况下,陕西渭北旱源农户施氮过量的比例为 89%,而山西晋南闻喜则有近 60%的农户氮肥施用不足(张魏斌 等,2016;赵护兵 等,2016)。

20 世纪 90 年代以前,相关学者研究认为,在黄土高原旱地对小麦产量产生限制的最主要因子是肥,而不是水(徐学选 等,1994;曹寒冰,2017;何刚,2016)。1990 年以后,随着化肥的大量投入,土壤营养水平已经基本满足旱地小麦在低土壤含水量下的养分吸收,而土壤水分已经成为旱地小麦产量进一步提高的主要障碍(陈国良 等,1995)。湿润年土壤肥力水平低,因此肥是限制因素;相反,则水为限制因素(陈国良 等,1995;徐学选 等,1994)。张福锁等(1992)研究表明,在黄土高原旱地,年雨量低于 400 mm 时,水为第一制约因素;年雨量高于或等于 800 mm 时,肥为第一制约因素;年雨量 400~800 mm 时,两者交替。Sadras 等(2002)研究表明,在雨养地区,雨量多的年份增施氮肥会显著增加小麦产量,如果在雨量较少的年份,施氮的效用则不明显,甚至将会使小麦产量降低。López-Bellido 等(1996,2005)研究表明,在雨养农业区,当小麦生育期雨量低于 450 mm 时,氮肥对小麦产量的影响不显著。Pala 等(1996)研究表明,当小麦生育期雨量分别为 350 mm 和 450 mm 时,推荐施氮量分别为 40 kg(N)·hm^{-2} 和 80 kg(N)·hm^{-2},相差 1 倍。在我国黄土高原旱作麦区有关施肥效应的试验研究中也有类似结论,党建忠等(1991)在陕西旱作麦区的研究表明,播前土壤蓄水量<200 mm、200~250 mm 和≥300 mm 时,推荐氮肥施用量为 83~105 kg(N)·hm^{-2}、98~120 kg(N)·hm^{-2} 和 105~135 kg(N)·hm^{-2},磷肥的推荐施用量变化不大,干旱时为 83 kg(P$_2$O$_5$)·hm^{-2},湿润时为 90 kg(P$_2$O$_5$)·hm^{-2}。苗果园等(1997)在山西晋南旱地的研究表明,当年雨量不足 400 mm 时,追施氮肥对旱地小麦产量的提升有限。Guo 等(2012)在陕西长武的定点试验研究表明,欠水年(<500 mm)、平水年(500~600 mm)和丰水年(≥600 mm)推荐的氮肥施

用量分别为 45 kg(N)·hm⁻²、135 kg(N)·hm⁻² 和 180 kg(N)·hm⁻²。因此,在小农户占大多数的黄土高原旱作麦区,田块尺度上施肥不合理的现象普遍存在,应考虑建立适于旱地小麦产量变异的农户施肥方法,即结合雨量或降雨年型来确定合理的施肥量。

1.6.2 旱地小麦推荐施肥

施肥不足时小麦产量低,过量施肥则不会继续增加小麦产量,因此,合理施肥对黄土高原旱地小麦稳产的意义重大(何刚,2016)。科学合理施肥是一项科学性与实用性较强的农业技术,计算施肥量是科学施肥的最主要内容(曹寒冰,2017)。谭金芳(2011)主编的《作物施肥原理与技术》将推荐施肥的技术分为三大类:第一类是养分平衡法,又称目标产量法,该方法认为农作物的养分主要源于土壤和肥料,通过合理的施肥将土壤中不能有效满足作物生长需要的部分养分补足,主要方法有土壤有效养分校正系数法和地力差减法;第二类是营养诊断法,主要是利用物理、化学或生物等监测技术,研究营养元素的丰缺如何直接或间接影响农作物正常的生长发育,以及是否平衡协调发育生长,从而总结和确定施肥方案,主要方法有植物营养诊断法和土壤营养诊断法;第三类是肥料效应函数法,主要是通过建立数学函数,分析施肥量和产量间的函数关系。侯彦林等(2004)将国内外多种施肥模型或技术总结为三类六法:第一类为地力分区配方法;第二类为目标产量配方法,如养分平衡法和地力差减法;第三类为肥料效应函数法,如氮磷钾比例法、养分丰缺指标法和多因子正交回归设计法。由于上述方法存在各自的优点与不足,因此在生产实际中可以灵活地将多种方法配合使用。

目前,在黄土高原旱作麦区主要推荐的施肥方法属于目标产量法和肥料效应函数法。肥料效应函数法,是以大范围的田间试验为基础,计算产量与施肥量之间关系的方程,据此计算最佳施肥量。肥料效应函数法是由 Mischerlich 提出的,后续的研究主要通过对产量和施肥量进行不同拟合关系的比较和验证,将其方程关系逐渐优化为线性+平台或者二次+平台模型(陈新平 等,2000;贾良良 等,2001)。Liu 等(2016)在黄土高原旱作麦区的田间肥效试验研究表明,产量和施氮量的关系符合线性+平台模型,当施氮量为 117 kg(N)·hm⁻² 时,可达到最高产量 5.9 t·hm⁻²;随着施氮量持续增加,小麦产量不再有较大变化。黄土高原旱作区小麦的年际产量变化幅度达到 30% 左右,且受到气候环境,尤其是降雨波动的影响特别大,因此,作物对土壤养分的需求量波动也很大,肥料效应法并不能消除气候波动带来的影响,在干旱年会导致土壤氮素残留较高,引发土壤氮素淋洗等问题,而在湿润年可能导致作物过量消耗土壤氮素,影响土壤氮素平衡。

养分平衡法,也是黄土高原旱作麦区的主要氮肥推荐方法,其主要是依据养分平衡理念:施肥量=(作物目标产量吸收量养分量—土壤养分供应量)/肥料利用率。其中,土壤有效养分供应量主要是根据上一个生长季不施氮区作物养分吸收量进行估计,常常滞后且不准确,同时,土壤肥力水平、农田管理措施以及降雨等气候特征也会影响作物的肥料利用率(侯彦林 等,2004)。苏涛等(2004)对养分平衡法进行了优化,提出旱地小麦监控施氮方法,即:施氮量＝作物目标产量需氮量＋肥料氮素损失量＋收获/播前土壤硝态氮安全阈值(55.0/110.0 kg(N)·hm^{-2})－环境氮素投入量－秸秆还田带入氮素量－种子带入氮素量－生长季土壤氮素矿化量－收获/播前1 m 土壤硝态氮。章孜亮等(2012)对以上公式参数进行优化后,简化的公式为:施氮量＝作物目标产量需氮量＋收获/播前土壤硝态氮安全阈值(55.0/110.0 kg(N)·hm^{-2})－收获/播前 1 m 土壤硝态氮。曹寒冰(2017)的研究表明,应用简化后的公式,西北典型旱地冬小麦种植区可较应用公式前减少 25% 的氮肥用量,且小麦产量没有降低,氮肥利用效率提高 31%,显著降低肥料氮在土壤中的残留量。监控施肥基于平衡土壤氮素携出理论,可以有效兼顾土壤肥效平衡和稳定产量,但是播前土壤的采样以及测定工作耗时费工,并且有一定技术要求,所以很难及时指导农户播前施肥。同时,考虑降雨变化对小麦产量的影响,现有指导施肥的方法对于小农户来说不便于操作。

1.7 本研究的切入点

黄土高原旱作麦区自然降水少、年际波动大、季节分布不均、土壤瘠薄,因此,养分和水分成为制约旱地小麦生产的关键因素。养分不足可以通过合理施肥进行补充,但是降水的波动性客观上决定了旱地小麦产量的波动性。科学施肥不仅能满足作物的养分吸收,也能保证土壤养分平衡,促进养分有效循环,保障作物可持续生产。过量施肥对作物产量的提高能力有限,且会破坏土壤—作物系统平衡,造成养分利用率下降,并引发一系列环境问题。

因此,顺应自然降雨的波动性,应变地进行肥料管理,是促进旱地小麦水肥高效利用的根本途径。本研究通过农户调研和田间试验,分析旱作麦区农户产量和施肥现状,明确自然降雨分布与产量的关系,制定基于休闲期降雨的年型划分方法;明确不同降雨年型的适宜施氮量,并阐明其水氮利用和产量形成机制;筛选适宜该施氮措施的高产优质旱地小麦品种,并评价其经济效益和环境影响,为黄土高原旱地小麦高产高效提供理论依据与技术支撑。

1.8 研究内容与研究目标

1.8.1 研究内容

(1)黄土高原旱作麦区农户施肥管理现状分析

于 2016—2020 年在黄土高原东南部山西闻喜、洪洞和陕西三原、富平,对 420 个农户开展旱地小麦产量和施肥管理调研,研究该区域农户生产实践中养分管理存在的问题。

(2)基于休闲期降雨的年型划分研究

收集 1981—2017 年黄土高原东南部旱作麦区 19 个气象站点的气象数据,收集区域内长期定点试验中降雨及其产量文献数据,分析该区域休闲期降雨及分布特征,明确休闲期雨量、年雨量与产量关系,制定基于休闲期降雨的年型划分方法。

(3)降雨年型与氮肥对旱地小麦水氮利用及产量形成的影响

通过 2009—2017 年在山西农业大学闻喜旱地小麦试验基地进行田间试验,基于休闲期降雨进行年型划分后,分析不同降雨年型和施氮量对旱地小麦的水分利用、生长特性、氮素吸收利用、产量及其构成因素的影响,探究依据休闲期降雨施氮的增产增效生理机制。

(4)基于休闲期降雨施氮对不同旱地小麦品种氮素利用的影响

通过 2018—2020 年在山西闻喜旱地小麦品种田间筛选试验,以运旱 20410、运旱 618、运旱 805、晋麦 92、长 6359 和洛旱 6 号共 6 个旱地小麦品种为研究对象,在基于休闲期降雨施氮条件下,分析不同旱地小麦品种氮素吸收利用、产量和籽粒蛋白质含量形成的差异及其机理。

(5)基于休闲期降雨施氮对旱地小麦经济效益及土壤环境的影响

分析 2009—2017 年山西闻喜大田试验土壤氮残留情况,明确依据休闲期降雨施氮对旱作麦田土壤硝态氮、直接氧化亚氮和氨挥发量的影响,明确其经济效益及土壤环境影响。

1.8.2 研究目标

(1)明确黄土高原旱地小麦生产中存在的养分管理问题,分析黄土高原旱作麦区降雨及其分布特征,揭示休闲期雨量、年雨量与产量的关系,提出基于休闲期降雨的年型划分方法。

(2)明确不同降雨年型的适宜施氮量,并阐明不同降雨年型和施氮量对旱地小麦土壤水分利用、生长特性、氮素积累转运、产量及其构成因素的影响及其机制,筛选适宜该施氮方法的高产优质旱地小麦品种,并阐明其氮素吸收利用差异及生理机制。

(3)揭示基于休闲期降雨施氮对旱地麦田土壤氮残留、直接氧化亚氮和氨挥发量的影响,明确其经济效益及环境影响。

1.9 技术路线

本研究的技术路线如图 1-1 所示。

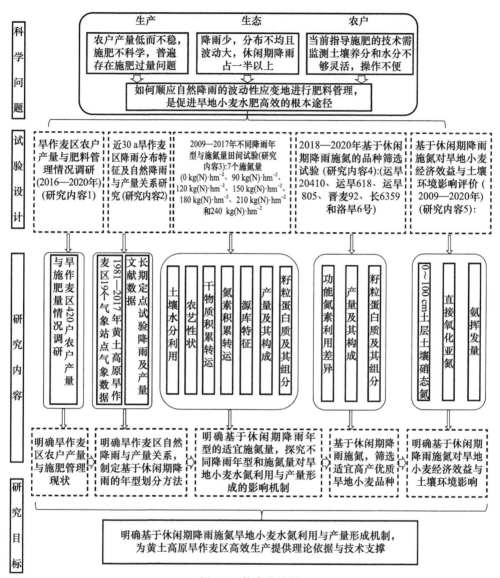

图 1-1　技术路线图

第 2 章

黄土高原旱作麦区
农户施肥管理现状分析

　　化肥是我国农业生产中的主要养分资源,施用化肥虽然是粮食增产的重要措施,但过量的化肥施用所造成的水体富营养化、反硝化损失以及淋洗等环境与资源利用效率问题也逐渐凸显。全球一半以上的人类口粮生产均严重依赖化肥的投入,尤其是氮肥(曹寒冰,2017)。施肥能够补充土壤中被植物吸收利用的必需营养元素,进而逐步提高作物产量,为持续增长的粮食需求提供保障。在人类社会经济发展的同时,人们对于过量施用化肥所引起的土壤和生态环境问题越来越重视(曹寒冰,2017)。我国化肥生产量已经占世界的 30%,表观消费量更是达到了世界的35%,我国已成为世界最大的化肥生产和消费国(张福锁 等,2008)。20 世纪 70年代至今,我国农业化肥用量从 3.5×10^9 kg 逐步增加到 59.9×10^9 kg,增幅为1608%,同期全国粮食总产量从 2.4×10^{11} kg 增加到 6.1×10^{11} kg,增幅为 153%(中华人民共和国国家统计局,2015),化肥增幅远超粮食增幅。有研究表明,受肥料资源的限制,全球仍有近 10 亿人受到粮食安全问题的威胁(Alexandratos et al.,2012)。金继运等(2006)和 Erisman 等(2008)的研究表明,全球范围内施用化肥对农作物产量的贡献率为 30%～50%。施肥不足则不能满足作物生长发育需求,施肥过量则会对作物-土壤-环境的可持续发展产生不利影响(Zhang et al.,2015;Vitousek et al.,2009)。

　　黄土高原旱作小麦产量低而不稳,且农户施肥不均衡的问题严重(Sun et al.,2018)。我国小麦产量占全国粮食总产量的 20%,平均单产为 5244 kg·hm^{-2}(中华人民共和国国家统计局,2019)。黄土高原农业区耕地 80% 为旱地,旱地中 56% 种植旱作小麦(赵护兵 等,2016)。其中,晋南地区小麦平均单产 3300 kg·hm^{-2},关中地区为 4400 kg·hm^{-2},均显著低于全国平均单产水平,且受到环境尤其是降雨的变化影响,旱地小麦年际产量变幅为 30% 左右(曹寒冰,2017)。在农业生产上,由于小麦种植区域分布广,且主要是由小农户和小农场经营,因此,肥料投入不合理现象普遍存在(Sims et al.,2013;Chen et al.,2014)。农户一般为经验施肥,甚至是盲目施肥,没有按照作物养分需求进行养分管理(Zhang et al.,2016)。张卫峰等(2008)在全国17 个省(区)对 1.4 万个农户进行的施肥调研表明,75% 的农户施用化肥过量。马立珩(2011)在苏北的农户调研表明,苏北农户小麦平均施氮 323 kg(N)·hm^{-2},52% 的农户施用氮肥过量。牛新胜等(2010)研究表明,河北曲周小麦平均施氮 262 kg(N)·hm^{-2},92% 的农户施用过量;平均施磷 188 kg(P_2O_5)·hm^{-2},94% 的农户施用过量;平均施钾 52 kg(K_2O)·hm^{-2},42% 的农户施用过量。赵护兵等(2016)研究表明,陕西关中小麦氮肥用量平均为 210 kg(N)·hm^{-2},55% 的农户施用过量;磷肥用量平均为183 kg(P_2O_5)·hm^{-2},60% 的农户施用过量;但该地区 90% 以上的农户不施钾肥。可见,我国不同生态区域农户养分管理不合理的现象普遍存在。黄土高原山西晋南和陕西渭北、关中地区是典型的旱作麦区,氮肥和磷肥施用过量的农户分别为 89% 和 35%,平均施用量分别达 226 kg(N)·hm^{-2} 和 75 kg(P_2O_5)·hm^{-2},但有 76% 的农户施钾肥量不足,平均用量为 52 kg(K_2O)·hm^{-2}(刘芬 等,2015)。因降雨时空分布差异、地力水平不均,以及参考的施肥标准不同,同在黄土高原旱地的合理与不合理施肥的农户分布差异较大,尤其是磷肥。同时,降雨时空分布与土壤肥力不均引起的旱地小麦产量差异高于30%(Fan et al.,2005;Guo et al.,2012)。因此,农户既是农田养分管理的决策者,也是兼顾农业生产与环境友好的突破口。充分了解和分析农户的养分管理现状,对于维持作物高产、实现养分高效利用具有重要实际意义。

以往的调研分析,主要是基于一个区域总体的平均水平,来进行农户施肥量高低的评价,没有考虑因不同的地力和环境而产生的产量水平差异,导致评价结果与各农户的实际产量水平不一致,调研结果难以真正地反映农户的施肥管理情况。本研究在黄土高原山西闻喜、洪洞和陕西三原、富平的旱作麦田开展农户施肥调研,综合分析施肥现状和产量水平,明确旱地小麦生产中存在的养分管理问题。

2.1 材料与方法

2.1.1 调研区概况

选择黄土高原东南部旱作麦区中山西南部的运城、临汾和陕西渭南、咸阳等地开展调研。该区属典型的半干旱暖温带气候,降雨特征为夏秋季多雨、冬春季干旱少雨,年均雨量300~800 mm(图2-1),约60%的降雨集中在夏季(7—9月)。该区日均气温12.9 ℃,年日照2242 h,光能丰富、日照充足,蒸发量普遍高于实际雨量,约为1400 mm,数据来源为中国气象局网站(http://www.cma.gov.cn/)。该区土壤类型主要为黄绵土和壤土,0~20 cm土层土壤pH值8.2,有机质含量9.8 g·kg^{-1},全氮含量0.82 g·kg^{-1},铵态氮含量2.4 mg·kg^{-1},硝态氮含量11.1 mg·kg^{-1},速效磷含量15.9 mg·kg^{-1},速效钾含量133 mg·kg^{-1}(表2-1),土壤普遍侵蚀退化、养分不足,加上干旱缺水,制约了该区域农业的发展。

表2-1 调研区0~20 cm土壤基础肥力(闻喜、洪洞、三原和富平2016—2020年)

指标	pH值	有机质含量/(g·kg^{-1})	全氮含量/(g·kg^{-1})	速效磷含/(mg·kg^{-1})	速效钾含量/(mg·kg^{-1})	铵态氮含量/(mg·kg^{-1})	硝态氮含量/(mg·kg^{-1})
平均值	8.2	9.8	0.82	15.9	133	2.4	11.1
标准差	0.5	3.3	0.13	6.8	41	1.4	12.9
最小值	7.3	5.1	0.26	1.4	12	0	0

续表

指标	pH 值	有机质含量 /(g·kg⁻¹)	全氮含量 /(g·kg⁻¹)	速效磷含 /(mg·kg⁻¹)	速效钾含量 /(mg·kg⁻¹)	铵态氮含量 /(mg·kg⁻¹)	硝态氮含量 /(mg·kg⁻¹)
10%位点	7.7	6.3	0.61	6.9	90	0.5	2.1
25%位点	7.8	7.9	0.69	8.5	112	1.9	4.1
中值	7.9	9.5	0.81	14.6	129	2.5	7.6
75%位点	8.0	10.3	0.96	19.6	150	3.3	11.3
90%位点	8.6	11.0	1.05	23.5	180	3.8	19.8
最大值	8.9	12.4	1.14	39.8	223	7.9	65.4

注:10%位点和90%位点为90%置信区间的置信上限和置信下限,25%位点和75%位点为75%置信区间的置信上限和置信下限,下同。

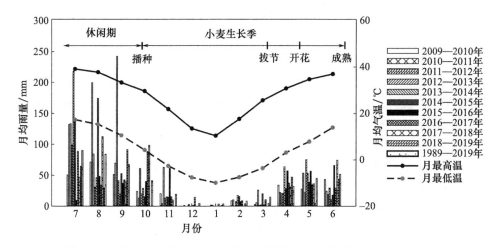

图 2-1 调研区月平均雨量、气温(闻喜、洪洞、三原和富平,2009—2019 年)

(数据来源为中国气象数据网(http://data.cma.cn))

2.1.2 调研方法

2016—2020 年在晋南旱地和陕西南部小麦种植区进行多点调研,调研地点包括山西运城闻喜、临汾洪洞,陕西咸阳三原、渭南富平,调研农户总数为 420 个。以问卷调查的方式记录农户姓名、小麦品种、产量、肥料品种、施肥时期、施肥量、施肥方法和其他田间管理措施等(见附录)。

2.1.3 取样方法

于 1 m^2 样方内取 0~20 cm 土层土样，风干后过筛，测定土壤有机碳、碱解氮、有效磷和速效钾的含量。土壤有机碳：土样风干后过 0.25 mm 筛，采用重铬酸钾容量法-外加热法测定土壤总有机碳含量，计算土壤有机质含量。土壤碱解氮：土样风干后过 1 mm 筛，采用碱解扩散法测定土壤碱解氮含量。土壤有效磷、速效钾：土样风干后过 1 mm 筛，分别采用 0.5 mol · L^{-1} $NaHCO_3$ 浸提-钼锑抗比色法和 1 mol · L^{-1} NH_4OAc 浸提-火焰光度法测定速效磷和速效钾含量(赵红梅，2013)。

2.1.4 产量划分与施肥划分

2.1.4.1 产量划分

参考曹寒冰(2017)的调研产量划分方法，420 个调研农户的小麦籽粒产量介于 300~9005 kg · hm^{-2}，90%的农户产量集中在 920~6444 kg · hm^{-2}。以小麦产量的第 5%分位数(920 kg · hm^{-2})和 95%分位数(6444 kg · hm^{-2})为最低和最高限求极差(5524 kg · hm^{-2})，然后以等产量间距(1105 kg · hm^{-2})分成五个区间。小麦产量等级从低到高依次为：<2024 kg · hm^{-2}(很低)、2024~3130 kg · hm^{-2}(较低)、3130~4235 kg · hm^{-2}(适中)、4235~5349 kg · hm^{-2}(较高)、≥5349 kg · hm^{-2}(很高)。

2.1.4.2 施肥划分

参考曹寒冰(2017)的方法，确定不同产量的施肥量，需在维持农田土壤养分平衡和肥力水平提升的基础上，考虑作物产量形成对养分的需求，提出氮、磷和钾肥的目标产量施肥量公式如下：

$$目标产量施氮量(kg(N) · hm^{-2})=产量/100×2.8×1.3 \tag{2-1}$$

$$目标产量施磷量(kg(P_2O_5) · hm^{-2})=产量/100×0.3×2×2.29 \tag{2-2}$$

$$目标产量施钾量(kg(K_2O) · hm^{-2})=产量/100×2.0×0.35 \tag{2-3}$$

上述公式中的后缀系数参考曹寒冰(2017)在黄土高原旱地计算目标产量施肥量研究中使用的后缀系数。在各个产量区间内，以农户平均产量计算目标产量施肥量(Rec)，以目标产量施肥量 40%为变幅，分为五个区间进行评价，从低到高依次为：0~0.4 Rec(很低)、0.4~0.8 Rec(较低)、0.8~1.2 Rec(适中)、1.2~1.6 Rec(较高)、≥1.6 Rec(很高)。

2.1.5 计算方法与统计分析

2.1.5.1 计算方法

参照曹寒冰(2017)对调研产量和土壤有机质的计算方法：

$$产量(kg · hm^{-2})=(公顷穗数×穗粒数×千粒重)/10^6 \tag{2-4}$$

$$土壤有机质含量(\%)=土壤总有机碳含量×1.724 \tag{2-5}$$

2.1.5.2　统计分析

采用 Excel 2018 进行数据录入及整理,采用 SPSS 22.0 进行统计分析,采用 SigmaPlot 14.0 进行作图。

2.2　结果与分析

2.2.1　调研区小麦品种分布

调研区小麦品种有晋麦 47、临丰 3 号、长旱 58 和西农 928 等,其中晋麦 47 面积最大,达 31.8%,其次为临丰 3 号和长旱 58,分别达 22.9% 和 20.8%(图 2-2)。

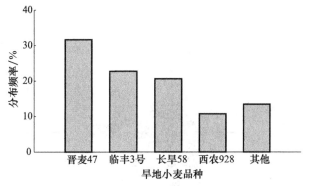

图 2-2　调研区主栽旱地小麦品种分布

2.2.2　调研区农户产量分布

调研区 2016—2020 年产量为 $300 \sim 9005$ kg·hm^{-2},平均 4001.69 kg·hm^{-2}(图 2-3)。将调研区产量划分为五个区间,产量很低的农户占 17.6%,产量较低的占 26.4%,产量适中的占 41.2%,产量较高的占 11.9%,产量很高的占 2.9%。可见,产量达到 4235 kg·hm^{-2} 及以上的仅占 14.8%。

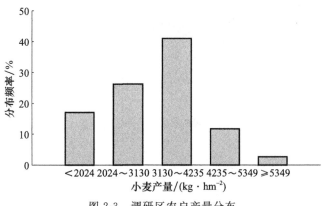

图 2-3　调研区农户产量分布

2.2.3 调研区农户施肥情况

调研区农户氮肥主要采用尿素、碳铵、磷酸二铵及多元复合肥(肥料种类数据未专门列出),施氮量 $51\sim550$ kg(N) $\cdot$ hm $^{-2}$,平均 205.24 kg(N) $\cdot$ hm $^{-2}$,变异系数(CV)为 33.6%(图 2-4a);磷肥主要采用过磷酸钙、磷酸二铵及多元复合肥,施磷量 $5\sim128$ kg(P $_2$O $_5$) $\cdot$ hm $^{-2}$,平均 50.44 kg(P $_2$O $_5$) $\cdot$ hm $^{-2}$,CV 为 57.0%(图 2-4b);钾肥主要采用硫酸钾及多元复合肥,施钾量 $0\sim59.7$ kg(K $_2$O) $\cdot$ hm $^{-2}$,平均 19.85 kg(K $_2$O) $\cdot$ hm $^{-2}$,CV 为 40.0%(图 2-4c)。调研区旱地小麦产量与施氮量、施磷量和施钾量相关性未达显著水平。可见,调研区农户产量变异大,农户施肥不足和过量的问题均存在,亟待科学的施肥管理措施。

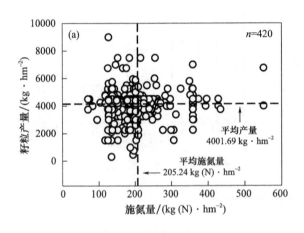

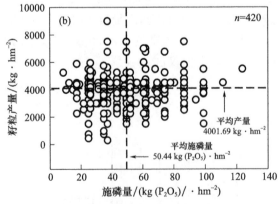

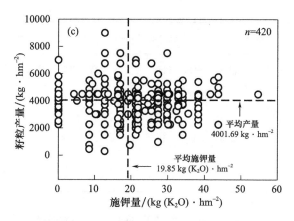

图 2-4　调研区氮肥(a)、磷肥(b)和钾肥(c)投入量与产量关系

(图中虚线代表平均肥料投入量和平均产量,n 代表样本量)

2.2.4　不同产量水平农户施肥分布

2.2.4.1　氮肥

根据农户合理施肥标准(表 2-2),调研区平均 66.4% 的农户施氮肥过量,21.0% 的农户施氮肥适中,12.6% 的农户施氮肥不足(图 2-5a)。产量水平很低的农户,施氮肥过量的占 83%,施氮肥适中的占 14%,施氮肥不足的占 3%;产量水平较低的农户,施氮肥过量的占 77%,施氮肥适中的占 19%,施氮肥不足的占 4%;产量水平适中的农户,施氮肥过量的占 69%,施氮肥适中的占 11%,施氮肥不足的占 20%;产量水平较高的农户,施氮肥过量的占 55%,施氮肥适中的占 35%,施氮肥不足的占 10%;产量水平很高的农户,施氮肥过量的占 48%,施氮肥适中的占 26%,施氮肥不足的占 26%。从低产到高产,施氮肥过量的农户分布比例逐渐降低,由 83% 下降至 48%。可见,调研区 66.4% 的农户施氮肥过量($>$173 kg(N)·hm^{-2}),且施氮肥过量问题主要集中在中低产水平农户($<$4235 kg·hm^{-2})。

表 2-2　不同产量等级下农户的合理施肥标准

产量等级	氮肥/(kg(N)·hm^{-2})					磷肥/(kg(P$_2$O$_5$)·hm^{-2})					钾肥/(kg(K$_2$O)·hm^{-2})				
	很低	较低	适中	较高	很高	很低	较低	适中	较高	很高	很低	较低	适中	较高	很高
很低	23	46	58	70	93	8	16	20	24	32	5	10	13	16	21
较低	38	76	95	114	152	12	25	31	37	50	11	22	28	34	45
适中	48	95	119	143	190	17	34	43	52	69	14	27	34	41	54

产量等级	氮肥/(kg(N)·hm⁻²)					磷肥/(kg(P₂O₅)·hm⁻²)					钾肥/(kg(K₂O)·hm⁻²)				
	很低	较低	适中	较高	很高	很低	较低	适中	较高	很高	很低	较低	适中	较高	很高
较高	62	124	155	186	248	23	46	58	70	93	18	36	45	54	72
很高	74	149	186	223	298	30	59	74	89	118	21	42	53	64	85
平均	58	115	144	173	230	22	44	55	66	88	13	25	32	38	50

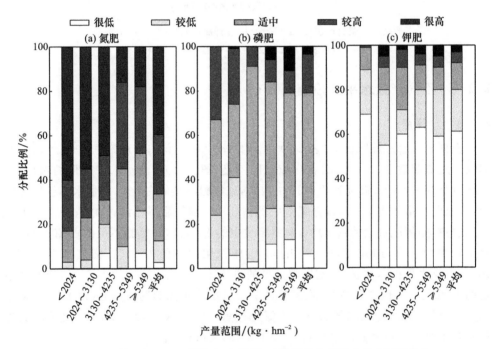

图 2-5 调研区氮肥(a)、磷肥(b)和钾肥(c)施用量在不同产量水平的分布

2.2.4.2　磷肥

　　根据农户合理施肥标准(表 2-2)，调研区平均 28.0% 的农户施磷肥过量，50.2% 的农户施磷肥适中，21.8% 的农户施磷肥不足(图 2-5b)。产量水平很低的农户，施磷肥过量的占 33%，施磷肥适中的占 45%，施磷肥不足的占 22%；产量水平较低的农户，施磷肥过量的占 26%，施磷肥适中的占 43%，施磷肥不足的占 31%；产量水平适中的农户，施磷肥过量的占 9%，施磷肥适中的占 66%，施磷肥不足的占 25%；产量水平较高的农户，施磷肥过量的占 16%，施磷肥适中的占 57%，施磷肥不足的占 27%；产量水平很高的农户，施磷肥过量的占 21%，施磷肥适中的占 51%，施磷肥不

足的占 28%。可见,调研区农户磷肥用量相对合理,有一半以上的农户施磷肥适中,但各个产量水平的农户均存在一定比例的过量施磷或施磷不足的问题。

2.2.4.3　钾肥

根据农户合理施肥标准(表 2-2),调研区平均 8.4%的农户施钾肥过量,26.0%的农户施钾肥适中,65.6%的农户施钾肥不足(图 2-5c)。产量水平很低的农户,施钾肥过量的占 21%,施钾肥适中的占 10%,施钾肥不足的占 69%;产量水平较低的农户,施钾肥过量的占 35%,施钾肥适中的占 10%,施钾肥不足的占 55%;产量水平适中的农户,施钾肥过量的占 31%,施钾肥适中的占 19%,施钾肥不足的占 60%;产量水平较高的农户,施钾肥过量的占 26%,施钾肥适中的占 11%,施钾肥不足的占 63%;产量水平很高的农户,施钾肥过量的占 31%,施钾肥适中的占 10%,施钾肥不足的占 59%。可见,调研区农户 60%以上钾肥施入量不足,且不同产量水平农户均存在施钾肥不足的情况。

2.3　讨　论

黄土高原东南部旱地小麦平均产量为 4001.69 kg·hm^{-2},这与 Wang 等(2014)报道的 4232 kg·hm^{-2} 相比偏低,也比曹寒冰(2017)报道的渭北旱地小麦产量 4217 kg·hm^{-2} 偏低。综合黄土高原旱地小麦主产区陕西渭北(Wang et al.,2014;赵护兵 等,2016)、山西晋南(张魏斌 等,2016,侯现良 等,2015)和甘肃定西(陈伟 等,2013)等地区的调研结果,黄土高原旱地小麦平均产量为 2400～4500 kg·hm^{-2},明显低于全国小麦平均产量(5244 kg·hm^{-2})(中华人民共和国国家统计局,2017)。与其他半干旱气候区一样,生态因素尤其是雨量决定了黄土高原旱地小麦的生产潜力(Li et al.,2009),而科学合理的肥料投入是兑现作物生产潜力和保证土壤养分平衡的关键措施。

本研究中,调研区农户产量为 300～9005 kg·hm^{-2},氮肥、磷肥和钾肥用量分别为 51～550 kg(N)·hm^{-2}、5～128 kg(P$_2$O$_5$)·hm^{-2} 和 0～59.7 kg(K$_2$O)·hm^{-2},CV 均高于 30%,且调研农户产量与氮肥、磷肥、钾肥用量均不相关。有研究表明,旱地小麦产量与施肥量的关系应符合报酬递减规律(Cao et al.,2017;谭金芳,2011),呈线性+平台模型关系或者幂指函数模型关系(曹寒冰,2017;李茹 等,2015;Liu et al.,2016)。但本研究结果表明,调研区产量与施肥量并没有呈现报酬递减规律。不少施肥量很低或者较低的农户仍可获得高产,出现这种情况可能的原因是:旱地麦田长期过量施肥,使得土壤残留大量养分,即使是不施肥或少量施肥,作物也能取得较高产量。有研究表明,农田土壤养分过量残留时,继续高施肥量会导致作物出现减产现象(曹寒冰,2017;Cao et al.,2017),这可能是本研究中高施肥量农户小麦产量反而不高的原因。肥料投入不科学、不均衡,不符合作物的养分需求,会导致土壤中某一种养分含量过高,从而影响产量形成(He et al.,2016;章孜亮 等,2012)。

1980 年至今,我国农业生产逐渐开始重视养分投入,黄土高原旱地农田土壤氮素残留量呈现逐渐增加的趋势,尤其是土壤中硝态氮的残留和淋洗问题十分严重(Guo et al.,2012)。本研究结果表明,调研区 66.4％的农户施氮过量,从低产到高产,各产量水平农户氮肥投入过量的比例依次为 83％、77％、69％、55％和 48％,无论高产田还是低产田,氮肥施用过量问题普遍存在,这与曹寒冰(2017)的研究结果相似。章孜亮等(2012)和巨晓棠(2015)的研究表明,土壤中有大量肥料氮素残留的情况下,即使仅施加 14～91 kg(N)·hm⁻² 的低量氮肥,也能够保证旱地小麦获得较高产量,但维持低量氮肥投入两个小麦生产季后,施氮量应接近目标产量需氮量,否则就会导致减产。因此,在黄土高原旱作麦区至少 66.4％的农户需要将氮肥投入量减少至目标产量的需氮量水平。同时,氮素肥效会受到降雨的显著影响(Guo et al.,2012),顺应降雨特征、参考目标产量需氮量、应变地投入氮肥,将有利于保证旱地小麦的持续高产高效。

黄土高原旱地农田土壤速效磷和速效钾水平也在明显增加(刘芬 等,2015;赵护兵 等,2016)。本研究中,调研区 50.2％的农户施磷肥适中,这与赵护兵等(2016)和曹寒冰(2017)的研究结果不一致,其原因可能是:旱作麦区降雨时空分布差异、地力水平不均以及参考的调研对象差异,导致同在黄土高原旱作麦区施磷合理与不合理的农户分布差异较大。本研究中,调研区土壤速效磷平均为 15.9 mg·kg⁻¹,这与李茹等(2015)报道的黄土高原旱地 66％的土壤速效磷含量介于 10～20 mg·kg⁻¹、刘芬等(2015)报道的旱地土壤速效磷含量 15.2 mg·kg⁻¹ 均相近,处于适合作物生产的土壤速效磷含量(10.9～21.4 mg·kg⁻¹)范围内。因此,较适宜的土壤磷素养分环境可能是农户磷肥投入相对适量的原因之一。有研究表明,旱地土壤的 pH 值普遍比较高,容易将施入土壤的肥料磷固定,因此,只要农户的施磷量能等于或接近作物磷携出量,就能将土壤速效磷含量维持在适宜作物生长的范围内,保证土壤养分平衡(李茹 等,2015;刘芬 等,2015)。本研究中,调研区 65.6％的农户施钾量较低,这与赵护兵等(2016)和曹寒冰(2017)的研究结果相近,可见,有相当一部分农户并无施钾肥的习惯。调研区域土壤速效钾含量平均为 133 mg·kg⁻¹,这与李茹等(2015)对土壤速效钾含量的研究结果相近(100 mg·kg⁻¹),说明旱地土壤速效钾含量丰富,不施钾未对农户产量造成较大的影响;但为保证土壤养分环境可持续,农户施钾量应等于作物钾携出量。

2.4 小 结

调研结果表明,旱作麦区农户产量低且变异大,氮磷钾肥施用不足和过量的情况均存在,其中,66.4％的农户施氮肥过量(>173 kg(N)·hm⁻²),且施氮过量问题主要集中在中低产水平农户;磷肥用量相对合理,有 50.2％的农户施磷肥适中(44～66 kg(P₂O₅)·hm⁻²);有 65.6％的农户钾肥施入量不足(<25 kg(K₂O)·hm⁻²),且不同产量水平农户均存在施钾不足的情况,农户亟待科学的施肥管理措施。

第 3 章

基于休闲期降雨的年型划分研究

在黄土高原雨养农业区,由于降雨分布不均、气候变化大以及灌溉设施缺乏等原因,农业生产受到了严重制约(胡雨彤,2017)。降雨是旱作麦区唯一的水分来源,约 60% 的降雨分布在休闲期,与旱地小麦生长季错位(He et al.,2016),作物在后期生长过程中可能会面临干旱威胁(Yu et al.,2021)。Unger 等(2006)研究表明,播前的降雨增加了雨养地区的粮食潜在产量,并缩小了后续作物的产量变动性,休耕季节的雨量可能比生长季节的雨量更能影响作物产量。

大量研究表明,在地中海气候及相似气候类型(如黄土高原)中,小麦产量与休闲期降雨和生长季降雨均呈正相关关系,且严重依赖休耕季节降雨储存的土壤水分(Guo et al.,2012)。Qayyum 等(2010)研究表明,休耕期雨量、播种后至返青期前雨量与小麦产量显著相关。Cao 等(2017)研究表明,农户产量和休闲期雨量呈显著非线性正相关。Guo 等(2012)研究表明,黄土高原东南部的休耕季节雨量与产量之间存在显著正相关关系($R=0.83,P<0.01$)。曹寒冰(2017)在陕西渭北旱源 2009—2013 年 52 个田间试验研究表明,夏闲期降雨、夏闲期+拔节前降雨和小麦产量呈显著的二次函数关系($R^2=0.69$)。López-Bellido 等(1996)在欧洲雨养农业区研究表明,休闲期雨量每增加 1 mm,小麦产量增加 8.8 kg • hm^{-2};生育期降雨每增加 1 mm,小麦产量增加 9.1 kg • hm^{-2}。

降雨通过影响旱地小麦产量三因素的形成来间接影响产量(刘树堂 等,2005),且降雨对小麦的影响存在持续性和滞后性,小麦关键生育时期土壤缺水往往是由于前期的降雨不够所造成的(Cao et al.,2017)。休闲期雨量少或苗期雨量少,会导致分蘖期土壤水分亏缺,影响单位面积穗数(McMaster et al.,2004)。Shangguan 等(2002)在陕西旱源的研究表明,小麦播前雨量决定土壤底墒,充足的播前雨量促进小麦苗匀、苗齐、苗壮,且能持续供水到小麦拔节期;反之,则会降低出苗率,影响单位面积穗数。休闲期雨量缺少将影响播前土壤底墒,影响冬小麦出苗、群体分蘖和分蘖成穗等关键生育阶段(任爱霞 等,2017)。因此,将休闲期降雨作为旱地麦田肥料管理依据,在播前利用已知的休闲期降雨进行年型划分,应变地投入肥料,是旱地小麦实现高产高效的主要途径。

3.1　材料与方法

3.1.1　地理及文献数据来源

雨量数据来自中国气象数据网(http://data.cma.cn)。为保证研究数据气候特点的相对统一性,选择黄土高原地区 19 个国家级自动气象站(山西 7 个、陕西 7 个、甘肃 3 个、宁夏 2 个,图 3-1)1981—2017 年的逐日雨量数据,作为本研究的气象数据。

地理数据包括研究区 DEM(数字高程数据)以及行政区划图,主要来源于地理空间数据云(http://www.gscloud.cn),DEM 主要用于对黄土高原各气象站点进行分区和定位。空间可视化作图时需用到行政区划图。

文献数据来源于中国期刊全文数据库(CNKI)和 Web of Science(WOS),以"黄土高原""旱地小麦""产量""休闲期降雨""降雨分布"等关键词,对数据库文献进行检索。在检索结果中,将涉及产量、休闲期雨量和全年雨量等的文章内的数据全部摘录出来,构成本研究的文献数据。其中,表内数据直接摘录,图中数据通过 GetData 软件数字化后得到。

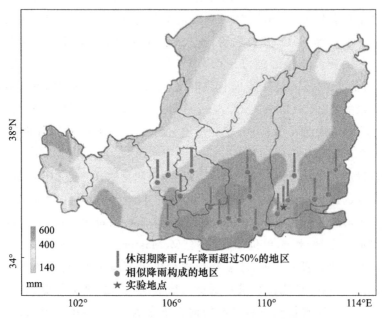

图 3-1 黄土高原旱作麦区年雨量及降雨分布

3.1.2 降雨年型的划分方法

中国科学院水利部水土保持研究所对黄土高原沟壑区域确定的降雨年型的划分方法如下(张北赢,2008)。

湿润年:

$$P_i > P_m + 0.33\delta \tag{3-1}$$

正常年:

$$P_m - 0.33\delta \leqslant P_i \leqslant P_m + 0.33\delta \tag{3-2}$$

干旱年:

$$P_i < P_m - 0.33\delta \tag{3-3}$$

式中：P_i 为当年全年雨量（mm），P_m 为多年平均雨量（mm），δ 为多年雨量的均方差（mm）。

3.2　结果与分析

3.2.1　旱作麦区降雨特征分析

分析黄土高原东南部 19 个国家级自动气象站 1981—2017 年雨量与降雨分布可知，黄土高原旱作麦区处于年雨量 300～700 mm 的降雨气候带（图 3-1），该区域休闲期平均雨量 296 mm，休闲期雨量范围为 253～374 mm，CV 为 10%；年平均雨量 515 mm，年雨量范围为 411～616 mm，CV 为 11%；休闲期雨量占年雨量比例平均为 58%，休闲期雨量占年雨量比例介于 51%～62%，CV 为 6%（表 3-1）。

表 3-1　黄土高原旱作麦区 19 个国家级自动气象站年雨量及休闲期雨量

年份	地点	雨量		
		全年/mm	休闲期/mm	休闲期占比/%
1981—2015 年	侯马	495	268	54
1981—2015 年	晋城	606	374	62
1981—2015 年	临汾	484	284	59
1981—2015 年	隰县	521	312	60
1981—2015 年	襄垣	460	268	58
1981—2017 年	阳城	602	343	57
1981—2017 年	闻喜	487	253	52
1981—2015 年	长治	531	287	54
1981—2015 年	西吉	411	255	57
1981—2015 年	固原	452	266	59
1981—2015 年	长武	582	314	54

续表

年份	地点	雨量		
		全年/mm	休闲期/mm	休闲期占比/%
1981—2015 年	乾县	563	325	58
1981—2017 年	延安	533	315	59
1981—2017 年	洛川	616	342	55
1981—2017 年	铜川	587	319	54
1981—2015 年	天水	518	263	51
1981—2015 年	杨陵	576	344	60
1981—2017 年	环县	434	259	60
1981—2015 年	平凉	501	289	58
	平均	515	296	58
	CV/%	11	10	6

注:闻喜、长武、乾县和杨陵均有对应的长期定位试验文献,可提供文献产量数据支撑。

3.2.2 旱作麦区雨量与产量的相关分析

基于文献数据(表 3-2 和图 3-2),随休闲期雨量的增加,旱地小麦籽粒产量呈对数上升趋势($y=2526.5\ln x-10148$,$R^2=0.42$,$P<0.05$);随年雨量的增加,旱地小麦籽粒产量呈对数上升趋势($y=3824\ln x-19816.5$,$R^2=0.45$,$P<0.01$)。旱作麦区籽粒产量与休闲期雨量、年雨量均呈非线性显著正相关。

表3-2　黄土高原旱作麦区长期定位试验的年雨量、休闲期雨量和产量(文献数据)

地点	年份	年雨量/mm	休闲期雨量/mm	产量/(kg·hm⁻²)	地点	年份	年雨量/mm	休闲期雨量/mm	产量/(kg·hm⁻²)
闻喜(Sun et al.,2018)	2009—2010年	335	173	3924	长武(Guo et al.,2012)	1986—1987年	503	222	2880
	2010—2011年	535	402	4795		1987—1988年	481	203	3200
	2011—2012年	673	460	5412		1988—1989年	574	234	2587
	2012—2013年	343	171	2915		1989—1990年	778	510	5813
	2013—2014年	474	284	4819		1990—1991年	550	277	4467
	2014—2015年	517	366	5000		1991—1992年	668	395	3773
杨陵(Dai et al.,2016)	2004—2005年	573	386	6114		1992—1993年	362	147	1080
	2005—2006年	570	452	4271		1993—1994年	617	346	4067
	2006—2007年	354	179	5132		1994—1995年	576	267	3640
	2007—2008年	618	459	3221		1995—1996年	332	153	1120
	2008—2009年	491	310	5481		1996—1997年	488	213	1960
	2009—2010年	695	422	6441		1997—1998年	597	376	5893
	2010—2011年	593	402	6325		1998—1999年	605	269	3440
	2011—2012年	880	680	6406		1999—2000年	591	346	2920
	2012—2013年	549	387	3766		2000—2001年	589	201	3120

续表

地点	年份	年雨量/mm	休闲期雨量/mm	产量/(kg·hm^{-2})	地点	年份	年雨量/mm	休闲期雨量/mm	产量/(kg·hm^{-2})
乾县（廖允成 等，2002）	1987—1988 年	460	240	4125	长武（Guo et al.，2012）	2001—2002 年	427	152	6067
	1988—1989 年	665	352	6158		2002—2003 年	675	314	4733
	1989—1990 年	496	227	4526		2003—2004 年	442	185	3653
	1990—1991 年	695	374	5595		2004—2005 年	532	310	5347
	1991—1992 年	310	186	2079		2005—2006 年	525	299	3667
	1992—1993 年	982	426	6518		2006—2007 年	509	333	3667
	1993—1994 年	401	241	4307		2007—2008 年	598	344	4177
	1994—1995 年	399	219	3290		2008—2009 年	568	315	3806
	1995—1996 年	527	262	4133		2008—2009 年	513	270	3301
	1996—1997 年	572	342	5984	长武（He et al.，2016）	2009—2010 年	475	280	3365
	1997—1998 年	426	207	3231		2010—2011 年	666	458	5070
	1998—1999 年	570	319	3650		2011—2012 年	722	453	7639
	1999—2000 年	478	352	2978		2012—2013 年	447	285	3877

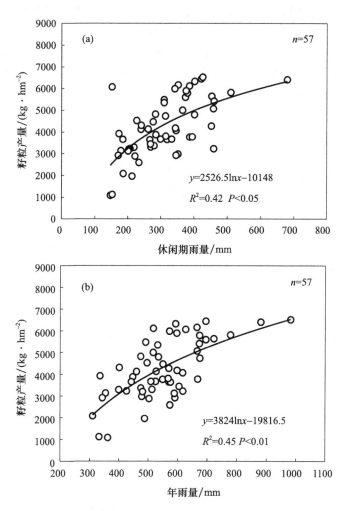

图 3-2 黄土高原旱作麦区长期定位试验的休闲期雨量(a)、年雨量(b)与籽粒产量的关系
(Sun et al. ,2018;Guo et al. ,2012;Dai et al. ,2016;He et al. ,2016;廖允成 等,2002)

3.2.3 基于休闲期降雨的年型划分

本研究参考张北赢(2008)的降雨年型划分方法,以山西闻喜为例,1981—2017 年其平均年雨量 486.8 mm,休闲期雨量占年雨量比例平均为 52%,将 37 a 划分为干旱年、正常年和湿润年,其中 7 a 为湿润年(年雨量≥536.8 mm),13 a 为干旱年(年雨量<436.8 mm),17 a 为正常年(436.8 mm≤年雨量<536.8 mm)(图 3-3)。

正常年中,将休闲期雨量占年雨量比例高于或等于 52%的年份定义为非极端年

（共 13 a,出现概率 76.5%）,休闲期雨量占比低于 52% 的年份定义为极端年(共 4 a,出现概率 23.5%)。湿润年中,将休闲期雨量占比高于或等于 52% 的年份定义为非极端年(共 5 a,出现概率 71.4%),休闲期雨量占比低于 52% 的年份定义为极端年(共 2 a,出现概率 28.6%)。干旱年中,将休闲期雨量占比低于 52% 的年份定义为非极端年(共 11 a,出现概率 84.6%),休闲期雨量占比高于或等于 52% 的年份定义为极端年(共 2 a,出现概率 15.4%)。

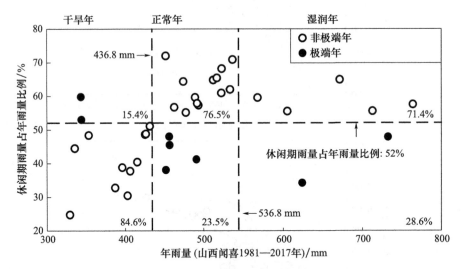

图 3-3 1981—2017 年山西闻喜不同降雨年型休闲期雨量与年雨量的比例分布情况
（图中垂直虚线代表基于年雨量的年型划分边界,水平虚线代表休闲期雨量占年雨量的比例,百分数代表极端与非极端年型的占比）

三种降雨年型出现非极端年的概率均在 70% 以上(正常年 76.5%、湿润年 71.4%、干旱年 84.6%),因此,可剔除极端年份来确定不同降雨年型的休闲期雨量范围,干旱年、正常年和湿润年分别为 81.5~220.7 mm($CV=26\%$)、262.5~380.3 mm($CV=11\%$)和 346.2~439.7 mm($CV=12\%$)。以干旱年休闲期雨量范围上限(<220.7 mm)和湿润年休闲期雨量范围下限(≥346.2 mm)作为基于休闲期降雨划分年型的阈值,结果为:干旱年(休闲期雨量<220.7 mm),正常年(220.7 mm≤休闲期雨量<346.2 mm),湿润年(休闲期雨量≥346.2 mm)(图 3-4)。

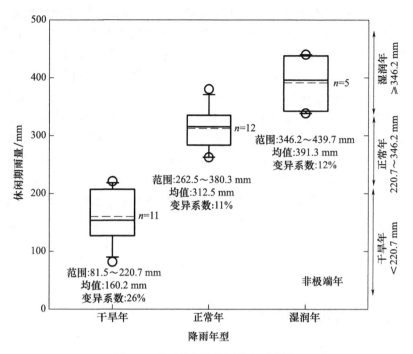

图 3-4　基于休闲期降雨的年型划分

（图中实线、虚线分别为数据中位数和平均数）

3.3　讨　　论

3.3.1　旱作麦区休闲期降雨与产量关系

在黄土高原旱作麦区,降雨通过影响旱地小麦产量三因素的形成来间接影响产量(刘树堂 等,2005),而且降雨对小麦的影响存在持续性和滞后性,小麦关键生育时期土壤缺水往往是由于前期的降雨不够所造成的(Cao et al.,2017)。Shangguan 等(2002)和 Yu 等(2021)研究认为,休闲期降雨决定了播前土壤水分,充足的底墒不仅可以保证旱地小麦良好出苗,甚至也可以供应至旱地小麦拔节期的用水。郝明德等(2003)的长期定位田间试验结果表明,在欠水、平水和丰水三种不同降雨年型,成熟期小麦的单位面积穗数分别为 304 万 hm^{-2}、410 万 hm^{-2} 和 459 万 hm^{-2},穗粒数分别为 19.5、24.4 和 24.8,千粒重分别为 43.3 g、44.9 g 和 46.6 g,欠水年的产量构成因素均最低,但是干旱年型对旱地小麦成熟期单位面积穗数的影响最大,其次是穗粒数和千粒重。Cao 等(2017)研究表明,在旱作麦区,除非遇到极端年型,否则旱地小麦生育后期水分需求不会受到较大制约,但休闲期降雨波动很大,且难以预测,休闲期降雨通过影响播前土壤底墒影响小麦出苗、群体分蘖及分蘖成穗,并间接影响产量。本研究结果表明,旱作麦区处于年雨量 300~700 mm 的降雨气候带,休闲期平均雨量 296 mm,CV 为 10%;休闲期雨量占年雨量比例为 58%,CV 为 6%。旱地冬小麦水分来源有一半以上与生育期错位,是产量低而不稳的主要限制因素(Sun et al.,2018),且降雨对小麦的影响存在持续性和滞后性,休闲期降雨会对旱地小麦的生长发育产生持续影响(Cao et al.,2017)。本研究筛选了五个已经发表的黄土高原旱地麦田长期定位试验研究文献,提取文献数据样本,分析旱作麦区年雨量、休闲期雨量与产量的关系,结果表明,随着休闲期雨量逐渐增加,旱地小麦籽粒产量呈逐渐上升的趋势($y=2526.5\ln x-10148$,$R^2=0.42$,$P<0.05$);随着年雨量逐渐增加,旱地小麦籽粒产量呈逐渐上升的趋势($y=3824\ln x-19816.5$,$R^2=0.45$,$P<0.01$)。旱作麦区休闲期雨量、年雨量与籽粒产量呈非线性显著正相关。在雨养农业区,不同研究均表明休闲期降雨对小麦产量有显著影响(Guo et al.,2012;Dai et al.,2016;He et al.,2016;Cao et al.,2017;Yu et al.,2021)。因此,在旱作麦区进行肥料管理时,结合休闲期雨量应变地投入肥料,是旱地小麦高产高效的有效途径。

3.3.2　基于休闲期降雨的年型划分

对于降雨年型的划分方法有多种,其中,国家农作物气候年型划分标准《农业气候影响评价:农作物气候年型划分方法》(GB/T 21986—2008)以降雨距平百分率(R)来划分降雨年型,R 在 −15%~+15% 为正常年型,R 在 +15%~+30% 为降雨偏多,R 在 −30%~−15% 为降雨偏少,$R \geqslant +30\%$ 或 $R<30\%$ 是降雨偏多或偏少年份。此标准对于年雨量偏少的黄土高原旱作麦区而言,划分范围较大,降雨年型间年雨量差别也比较大,因此,不利于黄土高原旱作麦区的实际生产(张北赢,2008;Yu et al.,2021)。张北赢(2008)基于黄土高原旱作麦区提出了降雨年型划分方法,湿润年:$P_i > P_m + 0.33\delta$;正常年:$P_m - 0.33\delta \leqslant P_i \leqslant P_m + 0.33\delta$;干旱年:$P_i < P_m - 0.33\delta$。上述降雨年型划分方法是以全年雨量为标准的,以全年雨量作为依据投入氮肥显然没有时效性。因此,基于休闲期降雨的年型划分方法更适合应变地作出合理的施肥管理。

本研究中,基于休闲期降雨的年型划分方法为:干旱年(休闲期雨量<220.7 mm),正常年(220.7 mm≤休闲期雨量<346.2 mm),湿润年(休闲期雨量≥346.2 mm)。对比 Cao 等(2017)和 Guo 等(2012)直接将休闲期雨量和产量进行线性回归,进而通过回归关系预测产量并计算施肥量的方法,本研究将极端年剔除后建立基于休闲期降雨的年型划分方法,更有时效性和可靠性,对于旱地小麦依据休闲期雨量应变地投入肥料具有实际参考意义。

3.4　小　　结

(1)黄土高原旱作麦区处于年雨量 300～700 mm 的降雨带,休闲期平均雨量 296 mm($CV=10\%$),占年雨量的 58%($CV=6\%$)。随休闲期雨量的增加,旱地小麦籽粒产量呈对数上升趋势($y=2526.5\ln x-10148$,$R^2=0.42$,$P<0.05$);随年雨量的增加,旱地小麦籽粒产量也呈对数上升趋势($y=3824\ln x-19816.5$,$R^2=0.45$,$P<0.01$)。

(2)基于休闲期降雨的年型划分方法(以山西闻喜为例):①计算休闲期降雨占比,1981—2017 年闻喜休闲期雨量占年雨量比例为 52%。②定义极端年型,以年雨量划分年型,湿润年:$P_i>P_m+0.33\delta$;正常年:$P_m-0.33\delta\leqslant P_i\leqslant P_m+0.33\delta$;干旱年:$P_i<P_m-0.33\delta$。共得到正常年 17 a、湿润年 7 a、干旱年 13 a。将正常年和湿润年中休闲期雨量占比低于 52% 的年份定义为极端年,将干旱年中休闲期雨量占比高于或等于 52% 的年份定义为极端年。③剔除极端年,正常年中极端年共 4 a,出现概率 23.5%;湿润年中极端年共 2 a,出现概率 28.6%;干旱年中极端年共 2 a,出现概率 15.4%,将极端年型剔除后,计算非极端年型的休闲期雨量范围。④基于休闲期降雨(剔除极端年型)划分年型方法,干旱年(休闲期雨量<220.7 mm),正常年(220.7 mm≤休闲期雨量<346.2 mm),湿润年(休闲期雨量≥346.2 mm)。

第 4 章

降雨年型与氮肥对旱地小麦水氮利用及产量形成的影响

土壤水分亏缺将影响小麦各个关键生育时期的生长发育,并对小麦水分利用和物质积累转运等环节产生负面影响,造成小麦产量和籽粒品质下降等问题(Cao et al.,2017)。降雨是旱地小麦生长的唯一水分来源,其决定着土壤的水分状况。前人针对土壤水分、雨量和小麦产量的关系进行了大量研究,McMaster 等(2004)研究表明,小麦如果在分蘖期出现水分亏缺,将对公顷穗数产生严重影响;如果土壤水分亏缺出现在孕穗期至开花期阶段,将显著影响小麦穗粒数(Hochman,1982);如果小麦花后灌浆期出现土壤水分亏缺,则会显著影响其千粒重(Bindraban et al.,1998)。据此,上述显著影响小麦产量形成的生育时期,称为小麦关键生育期,而小麦关键生育期缺水,往往是由于前期降雨不足,或土壤水分消耗过快引起土壤水分储备亏缺,最终会造成小麦产量下降(Guo et al.,2012)。在小麦苗期和越冬期进行干旱处理的研究表明,小麦的植株生物量出现了显著下降趋势,并且后期再进行复水也不能弥补干旱带来的生物量损失(姚宁 等,2015)。Shangguan 等(2002)研究指出,休闲期降雨决定着播前土壤底墒水平,充足的播前雨量有利于旱地小麦顺利出苗,同时,小麦可持续利用播前储存的土壤水分至拔节期;反之,则会严重影响小麦出苗率。Li 等(2009)研究认为,休闲期和越冬期降雨对于促进旱地小麦群体分蘖和返青拔节、建立优良群体和健壮小麦个体有至关重要的作用。Guo 等(2012)在陕西长武长期定位试验结果表明,旱地小麦产量与休耕期的降雨呈显著的线性正相关关系($P<0.05$),反而与小麦生长季的雨量相关性不显著。

过量施氮会影响旱地小麦对土壤水分的合理利用,降低作物水分利用效率,进而影响产量(Ren et al.,2019)。有研究认为,旱地小麦生长季节水分消耗远远大于降雨吸收,长期过量施氮会使得小麦生长季节土壤水库的过度消耗,难以长期维持稳定的土壤水库,最终限制水分利用效率和产量的提升(Huang et al.,2017)。Ren 等(2019)研究表明,过量施氮会使得旱地小麦拔节前土壤耗水量过高,浅层和中层的土壤蓄水量不足,影响拔节后小麦分蘖成穗,导致减产。Wang 等(2014)研究认为,长期合理施用氮肥虽然增加了作物耗水量,但是施肥促进了降雨的存储,提高了降雨存储效率,因此,长期施肥能够维持旱地小麦较高的产量和水分利用效率。Yu 等(2021)研究表明,合理施氮减少了旱地小麦拔节前土壤水分消耗,为后期小麦生长发育提供了充足的土壤水分,提高了水分利用效率和单位面积穗数,最终提高了产量。

在旱作麦区,如何结合其降雨特征合理施肥,提高作物的水分利用效率和产量,是亟待解决的生产问题(徐萌 等,1992)。郝明德等(2003)在渭北旱塬的长期定位试验表明,在黄土高原旱作麦区,降雨的产量效应要优于肥料的产量效应,尤其是休闲期降雨,在不考虑休闲期雨量多寡的情况下进行氮磷钾投入的指导,并不会出现理想结果。曹寒冰(2017)对渭北旱塬降雨与产量关系的研究表明,利用休闲期雨量预测产量并指导施氮量,可以减氮 80 kg(N)·hm^{-2},并保证产量稳定。

因此,在黄土高原旱作麦区利用休闲期降雨来确定播前肥料投入,是一种实际可行的思路(曹寒冰,2017)。本研究针对当前旱地麦田养分投入不均衡、产量不稳定等生产实际问题,结合区域降雨特征,开展降雨年型与施氮量对旱地小麦土壤水氮利用及产量形成的影响研究,明确不同降雨年型的适宜播前施氮量及其增产增效机理,为黄土高原旱作麦区高产高效提供理论依据与技术支撑。

4.1 材料与方法

4.1.1 试验地基本概况

本试验于 2009—2017 年在山西农业大学闻喜旱地小麦试验示范基地进行。试验田为丘陵旱地,无灌溉条件,种植制度为夏季休闲制,即从前茬小麦收获至下茬小麦播种前为裸地。土壤类型主要为黄绵土和壤土,0～20 cm 土层土壤 pH 值 8.2,有机质含量 9.8 g · kg^{-1},全氮含量 0.82 g · kg^{-1},铵态氮含量 2.4 mg · kg^{-1},硝态氮含量 11.1 mg · kg^{-1},速效磷含量 15.9 mg · kg^{-1},速效钾含量 133 mg · kg^{-1}。

图 4-1 为试验地 2009—2017 年日均降雨和日均气温情况,自然降雨约 60％集中于夏秋季(7 月、8 月、9 月),数据来源于试验地气象站。表 4-1 为 2009—2017 年试验地休闲期雨量、各生育阶段雨量以及全年雨量情况,根据休闲期降雨年型划分方法,将 2009—2010 年、2012—2013 年、2015—2016 年和 2016—2017 年划分为干旱年,将 2011—2012 年、2013—2014 年和 2014—2015 年划分正常年,将 2010—2011 年划分为湿润年,但因为仅有 1 a 为湿润年,并不能反映更多的有关湿润年的情况,因此,本研究将 2010—2011 年划分为正常年。

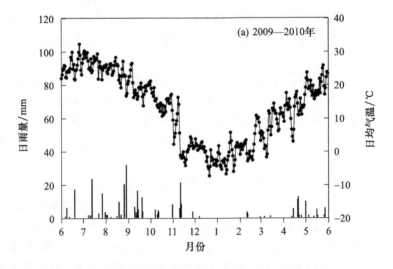

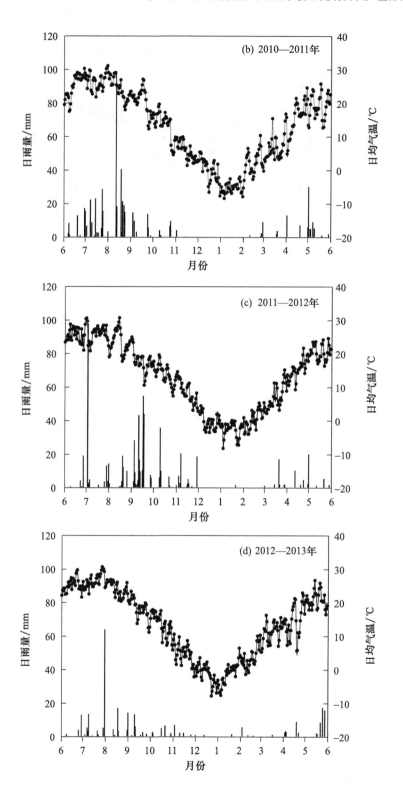

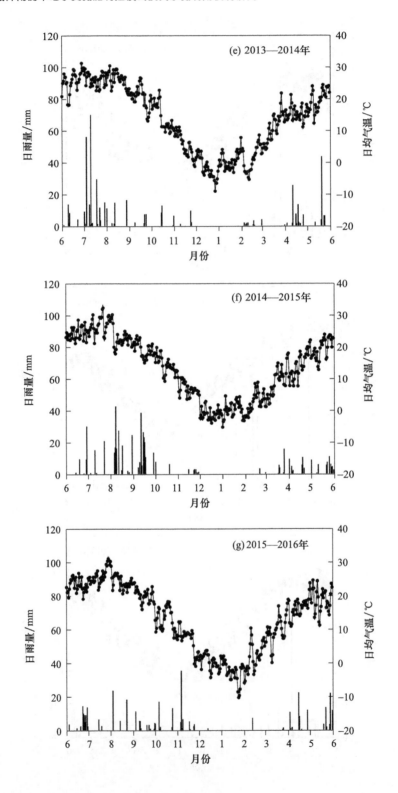

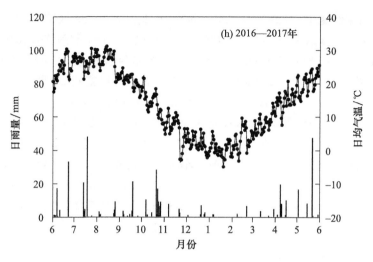

图 4-1　2009—2017 年试验地逐日雨量和日均气温（山西闻喜）

（图中折线表示气温，柱子表示雨量）

表 4-1　2009—2017 年试验地年型划分及各生育阶段和休闲期雨量

年份（年型）	休闲期雨量/mm	各生育阶段雨量/mm				年雨量/mm
		播种—拔节	拔节—开花	开花—成熟	生育期	
1981—2017 年	257.7	98.39	41.70	89.01	229.1	486.8
2009—2010 年（干旱年）	149.1	78.34	14.71	92.89	185.9	335.0
2010—2011 年（正常年）	325.5	39.45	24.44	63.71	126.6	452.1
2011—2012 年（正常年）	436.1	136.48	24.42	74.32	235.2	671.3
2012—2013 年（干旱年）	205.1	57.51	36.62	43.71	137.8	342.9
2013—2014 年（正常年）	305.4	54.58	22.05	92.13	168.8	474.2
2014—2015 年（正常年）	338.3	42.28	57.20	68.95	168.4	506.7
2015—2016 年（干旱年）	126.8	117.53	50.69	91.78	260.0	386.8
2016—2017 年（干旱年）	153.3	116.20	53.80	83.02	253.0	406.3

4.1.2　试验设计

试验供试品种为运旱 20410，由闻喜县农业委员会提供。采用单因素随机区组设计,设播前施纯氮量 0 kg(N)·hm^{-2}(N0)、90 kg(N)·hm^{-2}(N90)、120 kg(N)·hm^{-2}(N120)、150 kg(N)·hm^{-2}(N150)、180 kg(N)·hm^{-2}(N180)、210 kg(N)·hm^{-2}(N210)和 240 kg(N)·hm^{-2}(N240)共 7 个施氮水平,小区面积 10 m×6 m＝60 m^2,设 3 次重复。其中,210 kg(N)·hm^{-2}为农户常规施氮量(调研区平均施氮量为 205 kg(N)·hm^{-2}),设置 0 kg(N)·hm^{-2}为不施氮对照处理,120 kg(N)·hm^{-2}、150 kg(N)·hm^{-2}和 180 kg(N)·hm^{-2}是以高产(≥4235 kg·hm^{-2})为目标产量的需氮量范围(0.8~1.2 RecN)。为避免高施氮区土壤氮素残留影响下一年试验结果,将试验地块提前划分使用。前茬小麦收获时留高茬 20~30 cm,7 月中旬进行深翻,8 月底浅旋、平整土地,耙糖收墒。9 月底或 10 月初播种,播前施磷肥和钾肥分别为 60 kg(P$_2$O$_5$)·hm^{-2}和 30 kg(K$_2$O)·hm^{-2},常规条播,播量 165 kg·hm^{-2},基本苗 225 万株·hm^{-2},详细田间管理见表 4-2。

4.1.3 测定项目与方法

4.1.3.1 土壤水分的测定

参照 Sun 等(2018)的方法,采用土钻法于小麦播前、拔节、开花和成熟期各取 0~300 cm(每 20 cm 一个土层)土样,置于提前称好重量并编号的铝盒中,迅速称量记录后,于 105 ℃烘箱中至少烘干 24 h,待完全烘干后称量,记录干土重,计算土壤含水量。由于试验小区地形平坦,地下水埋深大于 15 m 及雨量入渗小于 5 m,因此,地下水补给量忽略不计。选取地势平坦的地块,挖 3 m 深剖面,每 20 cm 为一层进行取样,采用环刀法测定土壤容重。

4.1.3.2 土壤基本养分的测定

参照赵红梅(2013)的方法,于播前及成熟期各取 0~20 cm 土层土样,风干后过筛,测定土壤有机碳、碱解氮、有效磷和速效钾的含量。

土壤有机碳:土样风干后过 0.25 mm 筛,采用重铬酸钾容量法-外加热法测定土壤总有机碳含量,乘 1.724 即为土壤有机质含量。

土壤碱解氮:土样风干后过 1 mm 筛,采用碱解扩散法测定碱解氮含量。

土壤有效磷、速效钾:土样风干后过 1 mm 筛,分别采用 0.5 mol·L^{-1} NaHCO$_3$ 浸提-钼锑抗比色法和 1 mol·L^{-1} NH$_4$OAc 浸提-火焰光度法测定有效磷和速效钾含量。

4.1.3.3 农艺性状及干物质积累量的测定

参照赵红梅(2013)的方法,分别于越冬、拔节、孕穗、开花和成熟期选取定点的 0.667 m^2 样段内的 3 行小麦植株,调查群体动态,之后从中取生长均匀且具有代表性的 20 株植株,分为 2 组,剪去根部,将越冬期(整株)、拔节期(茎和叶)、开花期(叶、茎秆＋叶鞘和穗)和成熟期(叶、茎秆＋叶鞘、穗轴＋颖壳和籽粒)各部分,分别置于标注处理的牛皮纸袋中,先 105 ℃杀青 30 min,然后将烘箱调至 70 ℃,烘至恒重,称量并记录干物质重量,称重后粉碎样品。

表 4-2　试验地田间整地与操作信息

试验年份	2009—2010 年	2010—2011 年	2011—2012 年	2012—2013 年	2013—2014 年	2014—2015 年	2015—2016 年	2016—2017 年
N0,N90,N120,N150,N180,N210,N240	试验地农作制:休闲期+冬小麦							
	DP+RT	DP+RT	DP+RT	DP+RT	DP+RT	DP+RT	DP+RT	DP+RT
	各年耕作,播种和收获时间							
深翻时间	7 月 15 日	7 月 15 日	7 月 10 日	7 月 15 日	7 月 15 日	7 月 15 日	7 月 9 日	7 月 12 日
播种时间	9 月 28 日	9 月 29 日	9 月 27 日	9 月 29 日	10 月 1 日	10 月 1 日	9 月 29 日	10 月 1 日
收获时间	5 月 31 日	5 月 29 日	6 月 3 日	5 月 30 日	6 月 1 日	6 月 4 日	6 月 3 日	5 月 29 日
	田间管理							
N0,N90,N120,N150,N180,N210,N240	前茬收获→留 20~30 cm 高茬→7 月中旬深翻→播前浅旋→耙耱收墒→整地→基施底肥、播种→收获							
	机具型号							
DP	ZS-180 型翻转犁(工作深度 25~30 cm)							
RT	IGQN-200K-QY 型浅旋机(工作深度 15 cm)							

注:DP 代表休闲期深翻,RT 代表播前浅旋。

4.1.3.4　产量的测定

参照赵红梅(2013)的方法,在成熟期去掉边行,每个小区调查 0.667 m² 长势均匀的小麦样段的有效穗数,然后每个小区随机再取 20 穗,晾干后计算每穗平均粒数;随机取 5 组籽粒样本(每组 100 粒),用该籽粒样本测定千粒重。每个处理随机取 20 m² 进行产量测定,采用谷物水分仪(PM-8188-A)测定籽粒含水量,根据国家粮食贮藏标准含水量(13%)进行折算,即为实际产量。

4.1.3.5　植株含氮率的测定

参照邓妍(2014)的方法,将粉碎后的植株样品采用 H_2SO_4-H_2O_2 进行消煮,冷却后定容至 50 mL,稀释 10 倍,取稀释液 1 mL,滴加 1 mL 的 EDTA-甲基红溶液,用 0.6 mol/L NaOH 溶液滴定,待溶液由红色转为黄色后,依次加入 5 mL 1 g/L 酚酞指示剂和 5 mL 0.1 mol/L 次氯酸钠溶液,摇匀,用蒸馏水定容至 50 mL,放置 1 h 后,用 1 cm 光径的比色皿测定 OD_{625}(625 nm 处吸光值),用同样消煮并加入各种试剂的空白消煮溶液调节零点。每个样品重复 3 次。

4.1.3.6　籽粒蛋白质及其组分含量的测定

参照邓妍(2014)的方法,在成熟期于样方内摘取 20 穗长势均匀的麦穗,剥离籽粒,置于烘箱中 105 ℃ 杀青 30 min,然后 80 ℃ 烘干。烘干的籽粒经盘式实验粉碎磨粉碎后,用于蛋白质含量的测定。用 H_2SO_4-H_2O_2-靛酚蓝比色法测定籽粒含氮率,乘 5.7 即为蛋白质含量。籽粒蛋白质组分的测定采用连续提取法进行。每个样品重复 3 次。

清蛋白:称 0.2500 g 粉碎样品置于离心管中,加入 2 mL 水,振荡 2 min,3000 r/min 离心 5 min,将上清液倒入消化管,重复 3 次。用 H_2SO_4-H_2O_2-靛酚蓝比色法测定含氮率。

球蛋白:向提取水溶液后的离心管残渣中加入 2 mL 10% NaCl 溶液,振荡 2 min,3000 r 离心 5 min,将上清液倒入消化管,重复 3 次。用 H_2SO_4-H_2O_2-靛酚蓝比色法测定含氮率。

醇溶蛋白:向盐溶液提取后的残渣中加入 2 mL 70% 酒精溶液(按重量比计算),振荡 2 min,混合液放在 80 ℃ 的热水中 30 min,取出离心管,再振荡 2 min,3000 r 离心 5 min,将上清液倒入消化管,重复 3 次。用 H_2SO_4-H_2O_2-靛酚蓝比色法测定含氮率。

谷蛋白:向酒精提取后的残渣中加入 2 mL 0.2% NaOH 溶液,振荡 2 min,3000 r 离心 5 min,将上清液倒入消化管,重复 3 次。用 H_2SO_4-H_2O_2-靛酚蓝比色法测定含氮率。

4.1.4　计算方法

4.1.4.1　土壤容重、蓄水量及耗水量

参照 He 等(2016)的方法计算土壤容重、蓄水量、耗水量。

土壤容重：

$$D=(M_1-M_0)/V \tag{4-1}$$

式中：D 为土壤容重（$g \cdot cm^{-3}$），M_1 为烘干后土壤与环刀的总质量（g），M_0 为环刀的质量（g），V 为环刀的体积（cm^3）。

土壤蓄水量：

$$SWS_i=W_i \times D_i \times H_i \times 10/100 \tag{4-2}$$

式中：SWS 为土壤蓄水量（mm），W 为土壤含水量（％），D 为土壤容重（$g \cdot cm^{-3}$），H 为土层厚度（cm），i 为土层。

生育期耗水量：

$$ET=\Delta S+I+P \tag{4-3}$$

式中：ET 为生育期耗水量（mm），ΔS 为某一生育阶段土壤贮水减少量（mm），I 为生育期内灌水量（mm），P 为生育期内有效雨量（mm）。

4.1.4.2　分蘖成穗率

参照张国平等（1993）的方法计算分蘖成穗率。

分蘖成穗率（％）＝成熟期单位面积穗数/拔节期单位面积群体分蘖数×100％

$$\tag{4-4}$$

4.1.4.3　干物质积累

参照胡雨彤等（2017）的方法计算干物质积累相关指标。

花前干物质运转量（$kg \cdot hm^{-2}$）＝开花期营养器官干物质积累量－

成熟期营养器官干物质积累量 $\tag{4-5}$

花前干物质积累量对籽粒的贡献率（％）＝花前干物质运转量/籽粒干物质量×100％

$$\tag{4-6}$$

花后干物质积累量（$kg \cdot hm^{-2}$）＝成熟期植株干物质积累量－

开花期植株干物质积累量 $\tag{4-7}$

花后干物质积累量对籽粒的贡献率（％）＝花后干物质积累量/籽粒干物质量×100％

$$\tag{4-8}$$

4.1.4.4　植株氮素

参照任爱霞等（2017）的方法计算氮素相关指标。

植株氮素积累量（$kg \cdot hm^{-2}$）＝植株干物质量×含氮率 $\tag{4-9}$

花前氮素运转量（$kg \cdot hm^{-2}$）＝开花期营养器官氮素积累量－

成熟期营养器官氮素积累量 $\tag{4-10}$

花前氮素运转量对籽粒的贡献率（％）＝花前氮素运转量/籽粒氮素积累量×100％

$$\tag{4-11}$$

花后氮素积累量（$kg \cdot hm^{-2}$）＝成熟期植株氮素积累量－开花期植株氮素积累量

$$\tag{4-12}$$

花后氮素积累量对籽粒的贡献率（%）＝花后氮素积累量/籽粒氮素积累量×100%

$$(4-13)$$

氮肥利用效率（kg·kg^{-1}）＝（施氮区籽粒产量－不施氮区籽粒产量）/施氮量

$$(4-14)$$

氮素吸收效率（kg·kg^{-1}）＝（施氮区植株氮素积累量－

不施氮区植株氮素积累量）/施氮量 $\quad(4-15)$

氮素生理效率（kg·kg^{-1}）＝（施氮区籽粒产量－不施氮区籽粒产量）/

（施氮区植株氮素积累量－不施氮区植株氮素积累量） $\quad(4-16)$

氮肥偏生产力（kg·kg^{-1}）＝籽粒产量/施氮量 $\quad(4-17)$

氮收获指数＝籽粒氮素积累量/植株氮素积累量 $\quad(4-18)$

4.1.4.5　休闲期降雨利用效率

参照 Yu 等（2021）的方法计算休闲期降雨利用效率。

$$P_F UR = \Delta SWS_{S-M}/R' \times 100\% (D \geqslant \Delta SWS_{S-M})$$
$$P_F UR = D/R' \times 100\% (D < \Delta SWS_{S-M})$$

$$(4-19)$$

式中：$P_F UR$ 为休闲期降雨利用效率；R' 为休闲期雨量；ΔSWS_{S-M} 为旱地小麦播种期 0~300 cm 土壤蓄水量与成熟期 0~300 cm 土壤蓄水量差值，即旱地小麦全生育期 0~300 cm 土壤耗水量；D 为休闲期 0~300 cm 土壤蓄水量增加量，即蓄积在土壤中的休闲期雨量。

此处，如果旱地小麦全生育期的 0~300 cm 土壤耗水量小于休闲期 0~300 cm 土壤蓄水量增加量，说明蓄积在土壤中的休闲期雨量满足后茬作物的全生育期的耗水需求；但是，如果旱地小麦全生育期的 0~300 cm 土壤耗水量大于休闲期 0~300 cm 土壤蓄水量增加量，则说明蓄积在土壤中的休闲期雨量仅能满足后茬作物的全生育期的部分耗水需求。休闲期降雨利用效率能够相对准确地反映后茬作物对休闲期降雨的利用情况。

4.1.4.6　作物水分生产效率

参照 Yu 等（2021）的方法计算作物水分生产效率。

$$CWP=Y/ET \quad\quad(4-20)$$

式中：CWP 为作物水分生产效率（kg·hm^{-2}·mm^{-1}），Y 为小麦产量（kg·hm^{-2}），ET 为生育期耗水量（mm）。

4.1.4.7　干物质积累源库比

参照 Ciampitti 等（2012）的方法计算干物质积累源库比。

$$SSR_D=开花期单位面积群体叶面积指数/单位面积籽粒数 \quad(4-21)$$

式中：SSR_D 为干物质积累源库比，单位面积籽粒数等于单位面积穗数与穗粒数的乘积。

4.1.4.8　氮素积累源库比

参照 Ciampitti 等(2012)的方法计算氮素积累源库比。

SSR_N＝单位面积开花期植株地上部分氮素积累量/单位面积籽粒数　(4-22)

式中：SSR_N 为氮素积累源库比，单位面积籽粒数是单位面积穗数与穗粒数的乘积。

4.1.5　统计方法

采用 Excel 2018 进行数据录入及整理，采用 SPSS 22.0 进行方差分析、多重比较(LSD,α＝0.05)和 Pearson 相关分析，采用 SigmaPlot 14.0 作图。

4.2　结果与分析

4.2.1　降雨年型与氮肥对旱地小麦产量及其构成因素的影响

4.2.1.1　籽粒产量

依据休闲期降雨的年型划分方法，对 8 个试验年进行划分，2009—2010 年、2012—2013 年、2015—2016 年、2016—2017 年为干旱年，2010—2011 年、2011—2012 年、2013—2014 年、2014—2015 年为正常年(表 4-1,图 4-2)。

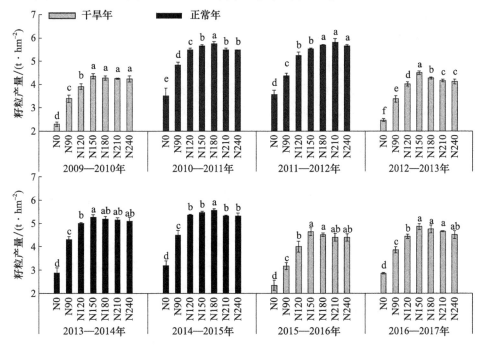

图 4-2　2009—2017 年降雨年型与施氮量对旱地小麦籽粒产量的影响(山西闻喜)

(不同小写字母代表 $P<0.05$ 水平差异显著，下同)

干旱年,2009—2010 年、2012—2013 年、2015—2016 年和 2016—2017 年旱地小麦产量以施氮量 150 kg(N)·hm^{-2}最高,分别达 4.35 t·hm^{-2}、4.50 t·hm^{-2}、4.64 t·hm^{-2}和 4.86 t·hm^{-2},且 2009—2010 年、2015—2016 年和 2016—2017 年施氮量 150 kg(N)·hm^{-2}与 0 kg(N)·hm^{-2},90 kg(N)·hm^{-2}和 120 kg(N)·hm^{-2}差异显著,与 180 kg(N)·hm^{-2}、210 kg(N)·hm^{-2}和 240 kg(N)·hm^{-2}差异不显著;2012—2013 年施氮量 150 kg(N)·hm^{-2}显著高于其他氮处理组(图 4-2)。正常年,2010—2011 年和 2014—2015 年旱地小麦产量以施氮量 180 kg(N)·hm^{-2}最高,分别达 5.75 t·hm^{-2}和 5.56 t·hm^{-2};2011—2012 年产量以施氮量 210 kg(N)·hm^{-2}最高,达 5.81 t·hm^{-2},且与 0 kg(N)·hm^{-2}、90 kg(N)·hm^{-2}、120 kg(N)·hm^{-2}和 150 kg(N)·hm^{-2}差异显著,与 180 kg(N)·hm^{-2}和 240 kg(N)·hm^{-2}差异不显著;2013—2014 年施氮量 150 kg(N)·hm^{-2}产量最高,达 5.25 t·hm^{-2},与 0 kg(N)·hm^{-2}、90 kg(N)·hm^{-2}和 120 kg(N)·hm^{-2}差异显著,与 180 kg(N)·hm^{-2}、210 kg(N)·hm^{-2}和 240 kg(N)·hm^{-2}差异不显著。

4 个干旱年产量平均值表现为施氮量 150 kg(N)·hm^{-2}较 210 kg(N)·hm^{-2}显著提高籽粒产量,达 5.0%;4 个正常年产量平均值表现为施氮量 180 kg(N)·hm^{-2}较 210 kg(N)·hm^{-2}显著提高籽粒产量,达 5.5%。可见,干旱年,施氮量 150 kg(N)·hm^{-2}增产 5.0%,减少氮肥投入量 60 kg(N)·hm^{-2};正常年,施氮量 180 kg(N)·hm^{-2}增产 5.5%,减少氮肥投入量 30 kg(N)·hm^{-2}。

4.2.1.2　产量构成因素

由表 4-3 可以看出,干旱年,2009—2010 年、2012—2013 年、2015—2016 年和 2016—2017 年穗数以施氮量 150 kg(N)·hm^{-2}最高,分别达到了 486.6 万 hm^{-2}、487.3 万 hm^{-2}、507.1 万 hm^{-2}和 555.6 万 hm^{-2},且 2009—2010 年和 2012—2013 年施氮量 150 kg(N)·hm^{-2}与其他施氮量差异均显著,2015—2016 年和 2016—2017 年施氮量 150 kg(N)·hm^{-2}与施氮量 180 kg(N)·hm^{-2}差异不显著,但与其他施氮量差异显著。正常年,2010—2011 年、2011—2012 年、2013—2014 年和 2014—2015 年穗数以施氮量 180 kg(N)·hm^{-2}最高,分别达 655.1 万 hm^{-2}、689.1 万 hm^{-2}、569.0 万 hm^{-2}和 574.1 万 hm^{-2},且 2010—2011 年和 2014—2015 年施氮量 180 kg(N)·hm^{-2}与其他施氮量差异均显著,2011—2012 年施氮量 180 kg(N)·hm^{-2}与 0 kg(N)·hm^{-2}、90 kg(N)·hm^{-2}、120 kg(N)·hm^{-2}和 150 kg(N)·hm^{-2}差异显著,2013—2014 年施氮量 180 kg(N)·hm^{-2}与 0 kg(N)·hm^{-2}、90 kg(N)·hm^{-2}、120 kg(N)·hm^{-2}、210 kg(N)·hm^{-2}和 240 kg(N)·hm^{-2}差异显著。

表 4-3　降雨年型与施氮量对旱地小麦籽粒产量及其构成因素、生物产量和收获指数的影响

年份	不同施氮量籽粒产量/(t·hm^{-2})						
	N0	N90	N120	N150	N180	N210	N240
2009—2010 年	2.30d	3.39c	3.91b	4.35a	4.27a	4.25a	4.24a
2010—2011 年	3.51e	4.83d	5.48c	5.46b	5.75a	5.49b	5.48b
2011—2012 年	3.56d	4.37c	5.24b	5.52b	5.61a	5.81a	5.66a
2012—2013 年	2.47f	3.37e	4.01d	4.50a	4.27b	4.17c	4.12c
2013—2014 年	2.88d	4.31c	5.00b	5.25a	5.19ab	5.15ab	5.08ab
2014—2015 年	3.19d	4.49c	5.35b	5.46b	5.56a	5.31b	5.32b
2015—2016 年	2.34d	3.17c	4.00b	4.64a	4.51a	4.40ab	4.39ab
2016—2017 年	2.85d	3.86c	4.43b	4.86a	4.75a	4.66a	4.51ab
平均	2.89g	3.97f	4.66e	5.03a	4.99b	4.94c	4.88d

方差分析	
年份	＊＊/＊
施氮量	＊＊/＊＊
年份×施氮量	＊/＊

年份	不同施氮量穗数/ 万 hm^{-2}						
	N0	N90	N120	N150	N180	N210	N240
2009—2010 年	392.2e	415.8d	448.2c	486.6a	477.5b	455.2c	458.7c
2010—2011 年	542.4d	567.9c	622.7b	631.4b	655.1a	627.7b	630.8b
2011—2012 年	530.3e	574.4d	605.8c	640.7b	689.1a	677.9a	672.2a
2012—2013 年	423.2d	439.3c	468.3b	487.3a	473.2b	452.0b	451.3b
2013—2014 年	406.2d	486.1c	522.7b	552.1a	569.0a	523.0b	526.2b
2014—2015 年	438.4d	497.9c	502.7c	521.9b	574.1a	526.2b	530.8b
2015—2016 年	382.6e	424.3d	482.7b	507.1a	499.5a	469.0b	471.3b
2016—2017 年	434.6d	492.8c	526.6b	555.6a	549.0a	516.1b	519.5b
平均	443.7e	487.3d	522.4c	547.8ab	560.8a	530.8b	532.6b

方差分析	
年份	＊/＊
施氮量	＊/＊
年份×施氮量	＊/＊

续表

年份	不同施氮量穗粒数						
	N0	N90	N120	N150	N180	N210	N240
2009—2010 年	24.4b	27.4ab	29.4ab	30.5a	29.2ab	28.2ab	28.3ab
2010—2011 年	31.1b	34.2a	33.9a	35.5a	36.8a	35.5a	34.8a
2011—2012 年	25.6b	30.4a	30.9a	30.7a	31.7a	30.7a	30.9a
2012—2013 年	31.1a	31.2a	31.6a	32.0a	30.1a	31.9a	30.9a
2013—2014 年	27.6b	30.6ab	31.6a	33.6a	32.0a	31.6a	30.8a
2014—2015 年	28.3b	29.2ab	31.3ab	33.1a	34.4a	32.2a	32.9a
2015—2016 年	25.6b	28.3ab	30.6a	32.1a	30.8a	31.5a	30.4a
2016—2017 年	26.0b	31.3ab	30.9ab	33.0a	33.0a	32.0a	31.5ab
平均	27.4c	30.3b	31.2ab	32.4a	32.2a	31.7a	31.3ab

方差分析

年份	* / *
施氮量	* * /ns
年份×施氮量	* /ns

年份	不同施氮量千粒重/g						
	N0	N90	N120	N150	N180	N210	N240
2009—2010 年	36.2a	36.7a	36.9a	39.2a	41.4a	39.5a	39.8a
2010—2011 年	36.6a	39.2a	41.4a	42.1a	41.2a	41.5a	40.9a
2011—2012 年	40.7c	42.1b	43.5b	45.5a	44.2a	46.9a	42.7b
2012—2013 年	34.2a	35.1a	35.9a	37.7a	37.8a	36.5a	35.8a
2013—2014 年	36.6a	39.9a	41.6a	41.7a	40.7a	40.8a	41.0a
2014—2015 年	35.4a	40.3a	43.4a	43.9a	42.2a	42.4a	41.4a
2015—2016 年	34.2b	34.6a	37.2a	38.3a	39.3a	39.2a	38.9a
2016—2017 年	37.2a	41.7a	42.4a	42.5a	43.2a	42.9a	42.3a
平均	36.3d	38.7c	40.2b	41.3a	41.2a	41.2a	40.3b

方差分析

年份	* * / *
施氮量	* * / * *
年份×施氮量	* / *

续表

年份	不同施氮量生物产量/(t·hm⁻²)						
	N0	N90	N120	N150	N180	N210	N240
2009—2010 年	6.79e	8.11d	9.37b	10.91a	10.53b	9.77bc	8.82c
2010—2011 年	9.11d	12.26c	13.66b	13.77b	15.54a	13.46b	13.69b
2011—2012 年	10.44d	11.54c	12.34b	12.96ab	13.18ab	13.67a	13.25ab
2012—2013 年	7.02e	8.58d	9.54c	10.44a	10.01b	9.24c	8.57d
2013—2014 年	8.52e	11.08d	12.14c	11.56cd	13.15a	12.52b	13.31a
2014—2015 年	8.72e	11.35d	12.79c	14.66b	16.52a	14.88b	15.12ab
2015—2016 年	7.01e	8.75d	10.18b	11.29a	11.06b	10.21b	9.08c
2016—2017 年	8.29e	10.38c	11.13c	12.74a	12.56a	12.34ab	10.21d
平均	7.32e	9.13d	10.14c	10.81b	11.41a	10.70b	10.25c

方差分析

年份	* / *
施氮量	* / *
年份×施氮量	* / *

年份	不同施氮量收获指数/g						
	N0	N90	N120	N150	N180	N210	N240
2009—2010 年	0.33b	0.41a	0.41a	0.43a	0.40a	0.43a	0.42a
2010—2011 年	0.38b	0.39ab	0.40a	0.41a	0.41a	0.41a	0.40a
2011—2012 年	0.34c	0.37b	0.42a	0.42a	0.42a	0.42a	0.42a
2012—2013 年	0.35b	0.39ab	0.42ab	0.43a	0.42ab	0.42ab	0.43a
2013—2014 年	0.33d	0.38c	0.41b	0.45a	0.45a	0.41b	0.37c
2014—2015 年	0.34c	0.37b	0.40a	0.37b	0.39a	0.37b	0.36b
2015—2016 年	0.33d	0.36c	0.39b	0.43a	0.40b	0.43a	0.42a
2016—2017 年	0.34c	0.37b	0.39a	0.39a	0.37b	0.37b	0.39a
平均	0.34c	0.38b	0.41a	0.42a	0.41a	0.41a	0.40a

方差分析

年份	* / *
施氮量	* * /ns
年份×施氮量	* /ns

注:同一行或列不同小写字母代表 LSD 检验在 $P<0.05$ 水平差异显著,* 和 * * 代表方差分析在 $P<0.05$ 和 $P<0.01$ 水平差异显著,ns 代表差异不显著,下同。

由表 4-3 可以看出,干旱年,2009—2010 年、2012—2013 年、2015—2016 年和 2016—2017 年穗粒数以施氮量 150 kg(N)·hm⁻² 最高,分别为 30.5、32.0、32.1 和 33.0,与 90 kg(N)·hm⁻²、120 kg(N)·hm⁻²、180 kg(N)·hm⁻²、210 kg(N)·hm⁻² 和 240 kg(N)·hm⁻² 差异不显著。正常年,2010—2011 年、2011—2012 年和 2014—2015 年穗粒数以施氮量 180 kg(N)·hm⁻² 最高,分别达 36.8、31.7 和 34.4,与 0 kg(N)·hm⁻² 差异显著,但与 90 kg(N)·hm⁻²、120 kg(N)·hm⁻²、150 kg(N)·hm⁻²、210 kg(N)·hm⁻² 和 240 kg(N)·hm⁻² 差异不显著,2013—2014 年穗粒数以施氮量 150 kg(N)·hm⁻² 最高,达 33.6,且与 0 kg(N)·hm⁻² 差异显著,但与 90 kg(N)·hm⁻²、120 kg(N)·hm⁻²、180 kg(N)·hm⁻²、210 kg(N)·hm⁻² 和 240 kg(N)·hm⁻² 差异不显著。

由表 4-3 可以看出,干旱年,2009—2010 年、2012—2013 年、2015—2016 年和 2016—2017 年千粒重以施氮量 180 kg(N)·hm⁻² 最高,分别达 41.4 g、37.8 g、39.3 g 和 43.2 g,且 2009—2010 年、2012—2013 年和 2016—2017 年施氮量 180 kg(N)·hm⁻² 与其他施氮量差异均不显著,2015—2016 年施氮量 180 kg(N)·hm⁻² 与 0 kg(N)·hm⁻² 差异显著,但与其他施氮量差异不显著。正常年,2010—2011 年、2013—2014 年和 2014—2015 年千粒重以施氮量 150 kg(N)·hm⁻² 最高,分别达 42.1 g、41.7 g 和 43.9 g,但与其他施氮量差异均不显著,2011—2012 年千粒重以施氮量 210 kg(N)·hm⁻² 最高,达 46.9 g,且与 0 kg(N)·hm⁻²、90 kg(N)·hm⁻²、120 kg(N)·hm⁻² 和 240 kg(N)·hm⁻² 差异显著,但与 150 kg(N)·hm⁻² 和 180 kg(N)·hm⁻² 差异不显著。

4 个干旱年产量平均值表现为施氮量 150 kg(N)·hm⁻² 较 210 kg(N)·hm⁻² 显著提高穗数,达 7.6%;随施氮量的增加,穗粒数和千粒重均无显著变化,分别为 30.7～31.6 g 和 30.9～31.7 g。4 个正常年产量平均值表现为施氮量 180 kg(N)·hm⁻² 较 210 kg(N)·hm⁻² 显著提高穗数,达 5.3%;随施氮量的增加,穗粒数和千粒重均无显著变化,分别为 32.5～33.7 g 和 31.1～32.0 g(图 4-3)。可见,于干旱年施氮肥 150 kg(N)·hm⁻²、正常年施氮肥 180 kg(N)·hm⁻²,有利于旱地小麦提高穗数,进而提高产量。

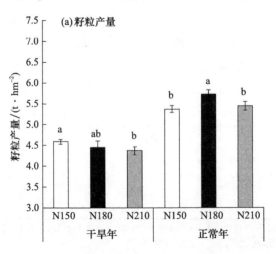

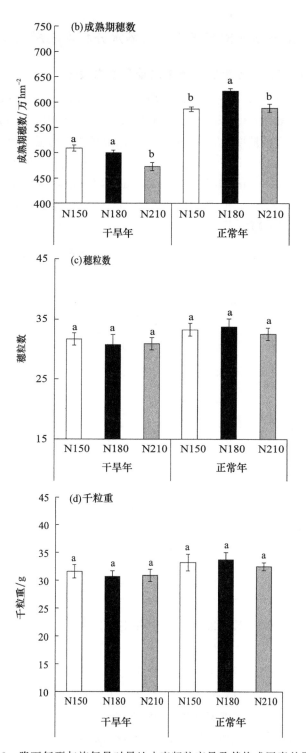

图 4-3　降雨年型与施氮量对旱地小麦籽粒产量及其构成因素的影响

4.2.2 降雨年型与氮肥对旱地小麦土壤水分利用的影响

4.2.2.1 播前 0~300 cm 土层土壤蓄水量和蓄水效率

干旱年,上一季收获后 0~300 cm 土壤蓄水量平均为 355.3 mm,休闲期雨量平均为 158.6 mm,播前 0~300 cm 土层土壤蓄水量平均为 443.3 mm,较上一季收获后 0~300 cm 土壤蓄水量增加 88.0 mm,蓄集休闲期降雨的蓄水效率(WSE)平均为 55.8%(表 4-4)。正常年,上一季收获后 0~300 cm 土壤蓄水量平均为 313.6 mm,休闲期雨量平均为 351.3 mm,播前 0~300 cm 土层土壤蓄水量平均为 531.3 mm,较上一季收获后 0~300 cm 土壤蓄水量增加 217.7 mm,蓄集休闲期降雨的蓄水效率平均为 61.3%(表 4-4)。

表 4-4 2009—2017 年播前 0~300 cm 土层土壤蓄水量和蓄水效率差异

年份(年型)	休闲期降雨/mm	土壤蓄水量/mm			蓄水效率/%
		上一季收获期	播种期	ΔSWS(D)	
2009—2010 年(干旱年)	149.1	366.1	454.3	88.2 f	59.1 c
2010—2011 年(正常年)	325.5	317.6	506.1	188.5 c	57.9 c
2011—2012 年(正常年)	436.1	292.2	585.7	293.5 a	67.3 a
2012—2013 年(干旱年)	205.1	379.9	494.6	114.7 e	55.9 d
2013—2014 年(正常年)	305.4	335.5	489.1	153.5 d	50.3 e
2014—2015 年(正常年)	338.3	308.8	544.4	235.6 b	69.6 a
2015—2016 年(干旱年)	126.8	350.2	431.8	81.6 f	64.3 b
2016—2017 年(干旱年)	153.3	325.0	392.3	67.3 g	43.9 f
正常年	351.3	313.6	531.3	217.7 a	61.3 a
干旱年	158.6	355.3	443.3	88.0 b	55.8 a

4.2.2.2 休闲期降雨利用效率和作物水分生产效率

由表 4-5 可以看出,干旱年,2009—2010 年、2012—2013 年、2015—2016 年和 2016—2017 年的休闲期降雨利用效率无显著变化,休闲期降雨利用效率等于土壤蓄水效率。正常年,2010—2011 年和 2013—2014 年休闲期降雨利用效率无显著变化,休闲期降雨利用效率等于土壤蓄水效率(N0 除外);2011—2012 年和 2014—2015 年休闲期土壤蓄水量大于生育期土壤耗水量,随施氮量的增加旱地小麦休闲期降雨利用效率增加,在施氮量 210 kg(N)·hm^{-2} 时达最高,分别为 62.2% 和 68.7%。

表 4-5　降雨年型与施氮量对休闲期降雨利用效率、作物水分生产效率和水分蒸散量的影响

指标	2009—2010 年不同施氮量						
	N0	N90	N120	N150	N180	N210	N240
D/mm	88.2	88.2	88.2	88.2	88.2	88.2	88.2
ΔSWS_{S-M}/mm	183.9	219.6	225.5	268.3	258.5	266.0	259.4
WSE/%	59.1	59.1	59.1	59.1	59.1	59.1	59.1
P_FUR/%	59.1	59.1	59.1	59.1	59.1	59.1	59.1
ET/mm	369.8	405.5	411.4	454.2	444.4	451.9	445.3
CWP/(kg·hm^{-2}·mm^{-1})	6.2	8.4	9.5	9.6	9.6	9.4	9.5

指标	2010—2011 年不同施氮量						
	N0	N90	N120	N150	N180	N210	N240
D/mm	188.5	188.5	188.5	188.5	188.5	188.5	188.5
ΔSWS_{S-M}/mm	172.2	221.2	234.5	245.4	278.1	287.2	270.6
WSE/%	57.9	57.9	57.9	57.9	57.9	57.9	57.9
P_FUR/%	52.9	57.9	57.9	57.9	57.9	57.9	57.9
ET/mm	298.8	347.8	361.1	372	404.7	413.8***	397.2
CWP/(kg·hm^{-2}·mm^{-1})	11.8	13.9	15.2	15.2	14.2	13.5	14

指标	2011—2012 年不同施氮量						
	N0	N90	N120	N150	N180	N210	N240
D/mm	293.5	293.5	293.5	293.5	293.5	293.5	293.5
ΔSWS_{S-M}/mm	161.8	193.7	200.6	233.5	260.9	271.2	261.9
WSE/%	67.3	67.3	67.3	67.3	67.3	67.3	67.3
P_FUR/%	37.1	44.4	46.0	53.5	59.8	62.2	60.1
ET/mm	397.0	428.9	435.8	468.7	496.1	506.4***	497.1
CWP/(kg·hm^{-2}·mm^{-1})	9.0	10.2	12.0	11.8	11.3	11.5	11.4

续表

指标	2012—2013 年不同施氮量						
	N0	N90	N120	N150	N180	N210	N240
D/mm	114.7	114.7	114.7	114.7	114.7	114.7	114.7
ΔSWS_{S-M}/mm	123.5	144.7	168.2	205.2	207.2	219.8	219.7
WSE/%	55.9	55.9	55.9	55.9	55.9	55.9	55.9
P_FUR/%	55.9	55.9	55.9	55.9	55.9	55.9	55.9
ET/mm	261.3	282.5	306.0	343.0	345.0	357.6	357.5
CWP/(kg·hm^{-2}·mm^{-1})	9.4	11.9	13.1	13.1	12.4	11.7	11.5

指标	2013—2014 年不同施氮量						
	N0	N90	N120	N150	N180	N210	N240
D/mm	153.5	153.5	153.5	153.5	153.5	153.5	153.5
ΔSWS_{S-M}/mm	133.0	166.6	177.1	195.2	215.7	230.4	220.3
WSE/%	50.3	50.3	50.3	50.3	50.3	50.3	50.3
P_FUR/%	43.6	50.3	50.3	50.3	50.3	50.3	50.3
ET/mm	301.8	335.4	345.9	364.0	384.5	399.2***	389.1
CWP/(kg·hm^{-2}·mm^{-1})	9.5	12.8	14.4	14.4	13.5	12.9	12.8

指标	2014—2015 年不同施氮量						
	N0	N90	N120	N150	N180	N210	N240
D/mm	235.6	235.6	235.6	235.6	235.6	235.6	235.6
ΔSWS_{S-M}/mm	137.3	149.0	151.2	190.1	221.3	232.3	223.8
WSE/%	69.6	69.6	69.6	69.6	69.6	69.6	69.6
P_FUR/%	40.6	44.0	44.7	56.2	65.4	68.7***	66.1
ET/mm	305.7	317.4	319.6	358.5	389.7	400.7***	392.2
CWP/(kg·hm^{-2}·mm^{-1})	10.5	14.1	16.4	15.2	14.3	13.8	14.1

续表

指标	2015—2016 年不同施氮量						
	N0	N90	N120	N150	N180	N210	N240
D/mm	81.6	81.6	81.6	81.6	81.6	81.6	81.6
ΔSWS_{S-M}/mm	145.0	185.7	201.9	239.3	235.8	242.2	239.9
WSE/%	64.3	64.3	64.3	64.3	64.3	64.3	64.3
$P_F UR$/%	64.3	64.3	64.3	64.3	64.3	64.3	64.3
ET/mm	405.0	445.7	461.9	499.3	495.8	502.2***	499.9
CWP/(kg·hm^{-2}·mm^{-1})	5.8	7.1	8.7	9.3	9.1	8.8	8.8

指标	2016—2017 年不同施氮量						
	N0	N90	N120	N150	N180	N210	N240
D/mm	67.3	67.3	67.3	67.3	67.3	67.3	67.3
ΔSWS_{S-M}/mm	156.6	173.9	184.8	229.2	227.2	233.8	234.7
WSE/%	43.9	43.9	43.9	43.9	43.9	43.9	43.9
$P_F UR$/%	43.9	43.9	43.9	43.9	43.9	43.9	43.9
ET/mm	409.6	426.9	437.8	482.2	480.2	486.8	487.7
CWP/(kg·hm^{-2}·mm^{-1})	7.0	9.1	10.1	10.1	9.9	9.6	9.3

注:＊＊＊代表在 $P<0.05$ 水平差异显著。

干旱年,施氮量 150 kg(N)·hm^{-2} 较 210 kg(N)·hm^{-2} 显著提高作物水分生产效率,达 6.1%;正常年,施氮量 180 kg(N)·hm^{-2} 较 210 kg(N)·hm^{-2} 显著提高作物水分生产效率,达 8.5%。可见,于干旱年施氮肥 150 kg(N)·hm^{-2}、正常年施氮肥 180 kg(N)·hm^{-2},有利于旱地小麦提高作物水分生产效率。

4.2.2.3　各生育阶段土壤耗水量

干旱年,2009—2010 年、2012—2013 年、2015—2016 年和 2016—2017 年旱地小麦休闲期土壤蓄水量分别为 88.2 mm、114.7 mm、81.6 mm 和 67.3 mm,基本高于播种—拔节阶段土壤耗水量(图 4-4a、图 4-4d、图 4-4g 和图 4-4h)。正常年,2010—2011 年休闲期土壤蓄水量为 188.5 mm,高于播种—开花阶段土壤耗水量(图 4-4b);2013—2014 年休闲期土壤蓄水量为 153.5 mm,在施氮量 0 kg(N)·hm^{-2}、90 kg(N)·hm^{-2}、120 kg(N)·hm^{-2} 和 150 kg(N)·hm^{-2} 条件下高于播种—开花阶段土壤耗水量(图 4-4e);2011—2012 年和 2014—2015 年旱地小麦休闲期土壤蓄水量分别为 239.5 mm 和 235.6 mm,均高于播种—成熟阶段土壤耗水量(图 4-4c 和图 4-4f)。

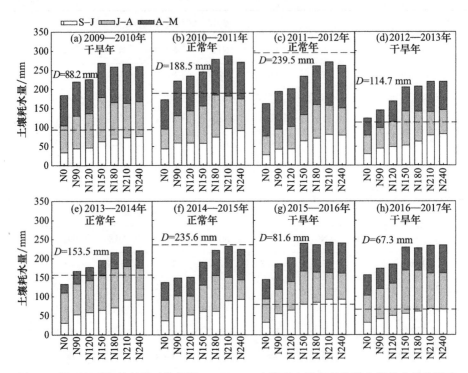

图 4-4　降雨年型与施氮量对休闲期 0～300 cm 土壤蓄水量和各阶段土壤耗水量的影响
（S－J 为播种—拔节，J－A 为拔节—开花，A－M 为开花—成熟，下同）

4.2.2.4　0～300 cm 土层土壤水分利用

随土层深度的增加，旱地小麦拔节期 0～300 cm 土层土壤蓄水量呈"高—低—高"的变化趋势。干旱年，2009—2010 年、2012—2013 年、2015—2016 和 2016—2017 年施氮量 150 kg(N)·hm⁻² 较 210 kg(N)·hm⁻² 分别提高 60～180 cm、20～200 cm、40～160 cm 和 60～160 cm 土层土壤蓄水量（图 4-5a、图 4-5d、图 4-5g 和图 4-5h）。正常年，2010—2011 年、2011—2012 年、2013—2014 年和 2014—2015 年施氮量 180 kg(N)·hm⁻² 较 210 kg(N)·hm⁻² 分别提高 60～200 cm、80～200 cm、60～200 cm 和 20～200 cm 土层土壤蓄水量（图 4-5b、图 4-5c、图 4-5e 和图 4-5f）。

随土层深度的增加，旱地小麦开花期 0～300 cm 土层土壤蓄水量呈"高—低—高"的变化趋势。干旱年，2009—2010 年、2012—2013 年、2015—2016 年和 2016—2017 年施氮量 150 kg(N)·hm⁻² 较 210 kg(N)·hm⁻² 分别降低 80～220 cm、80～220 cm、80～240 cm 和 80～200 cm 土层土壤蓄水量（图 4-6a、图 4-6d、图 4-6g 和图 4-6h）。正常年，2010—2011 年、2011—2012 年、2013—2014 年和 2014—2015 年施氮量 180 kg(N)·hm⁻² 较 210 kg(N)·hm⁻² 分别降低 80～220 cm、80～200 cm、80～200 cm 和 120～220 cm 土层土壤蓄水量（图 4-6b、图 4-6c、图 4-6e 和图 4-6f）。

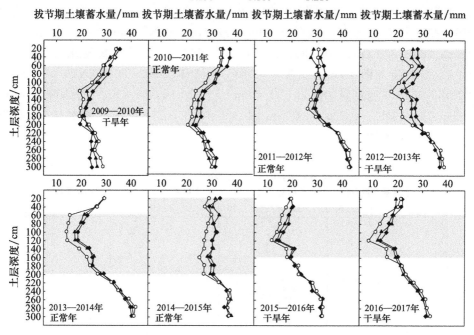

图 4-5　降雨年型与施氮量对拔节期 0～300 cm 土壤蓄水量的影响

（图中灰色区域表示土壤蓄水量在处理间有明显差异,下同）

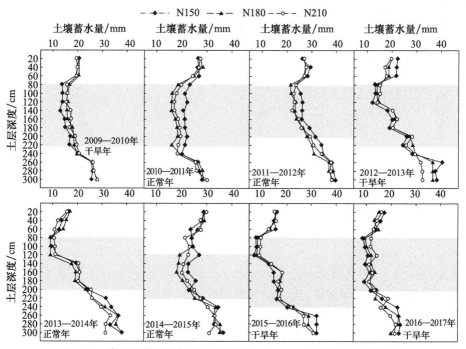

图 4-6　降雨年型与施氮量对开花期 0～300 cm 土壤蓄水量的影响

随土层深度的增加,旱地小麦成熟期 0~300 cm 土层土壤蓄水量总体上呈"高—低—高"的变化趋势。干旱年,2009—2010 年、2012—2013 年、2015—2016 年和 2016—2017 年施氮量 150 kg(N)·hm^{-2} 较 210 kg(N)·hm^{-2} 分别降低 220~300 cm、220~300 cm、220~300 cm 和 220~300 cm 土层土壤蓄水量(图 4-7a、图 4-7d、图 4-7g 和图 4-7h)。正常年,2010—2011 年、2011—2012 年、2013—2014 年和 2014—2015 年施氮量 180 kg(N)·hm^{-2} 较 210 kg(N)·hm^{-2} 分别降低 200~300 cm、220~300 cm、220~300 cm 和 200~300 cm 土层土壤蓄水量(图 4-7b、图 4-7c、图 4-7e和图 4-7f)。

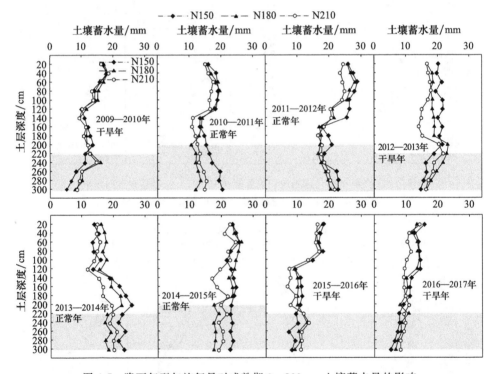

图 4-7 降雨年型与施氮量对成熟期 0~300 cm 土壤蓄水量的影响

干旱年,施氮量 150 kg(N)·hm^{-2} 较 210 kg(N)·hm^{-2} 显著提高旱地小麦拔节期 20~200 cm 土壤蓄水量,达 10.0%;显著降低开花期 80~240 cm 土壤蓄水量,达 10.3%;显著降低成熟期 200~300 cm 土壤蓄水量,达 14.0%。正常年,施氮量 180 kg(N)·hm^{-2} 较 210 kg(N)·hm^{-2} 显著提高旱地小麦拔节期 20~200 cm 土壤蓄水量,达 6.6%;显著降低开花期 80~240 cm 土壤蓄水量,达 5.0%;显著降低成熟期 200~300 cm 土壤蓄水量,达 7.9%(图 4-8)。

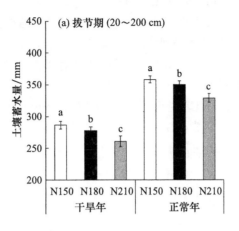

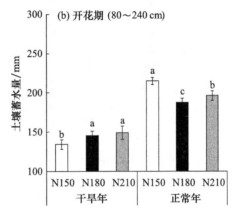

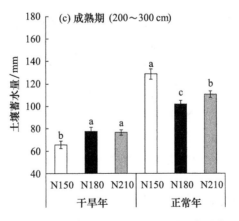

图 4-8 降雨年型与施氮量对不同生育时期
土壤蓄水量的影响

    干旱年,施氮量 150 kg(N)·hm⁻² 较 210 kg(N)·hm⁻² 显著提高旱地小麦拔节—开花阶段 80~240 cm 土层土壤耗水量,达 36.6%;随施氮量的增加,开花—成熟阶段 200~300 cm 土层土壤耗水量无显著变化,为 67.9~72.3 mm。正常年,施氮量 180 kg(N)·hm⁻² 较 210 kg(N)·hm⁻² 显著提高旱地小麦拔节—开花阶段 80~240 cm 土层土壤耗水量,达 22.7%;随施氮量的增加,开花—成熟阶段 200~300 cm 土层土壤耗水量无显著变化,为 85.6~86.3 mm(图 4-9)。可见,于干旱年施氮肥 150 kg(N)·hm⁻²、正常年施氮肥 180 kg(N)·hm⁻²,有利于旱地小麦在生育中期有效利用 80~240 cm 土层土壤水分。

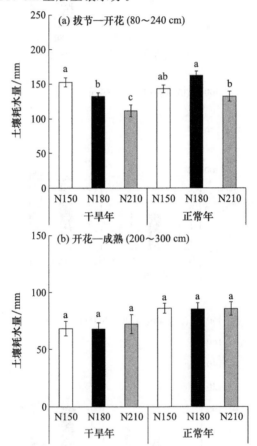

图 4-9　降雨年型与施氮量对不同生育阶段土壤耗水量的影响

4.2.3　降雨年型与氮肥对旱地小麦生长特性的影响

4.2.3.1　分蘖数和分蘖成穗率

    干旱年,施氮量 150 kg(N)·hm⁻² 较 210 kg(N)·hm⁻² 显著降低旱地小麦拔节期分蘖数,达 12.1%;显著提高成熟期穗数,达 7.6%;显著提高分蘖成穗率,达

20.3%。正常年,随着施氮量的增加,旱地小麦拔节期分蘖数无显著变化,为 1385.8 万~
1430.5 万 hm^{-2};施氮量 180 kg(N)・hm^{-2}较 210 kg(N)・hm^{-2}显著提高旱地小麦
成熟期穗数达 5.6%,显著提高分蘖成穗率达 6.6%(图 4-10,表 4-6)。可见,于干旱
年施氮肥 150 kg(N)・hm^{-2}、正常年施氮肥 180 kg(N)・hm^{-2},有利于旱地小麦分
蘖两极分化、提高分蘖成穗率、增加穗数。

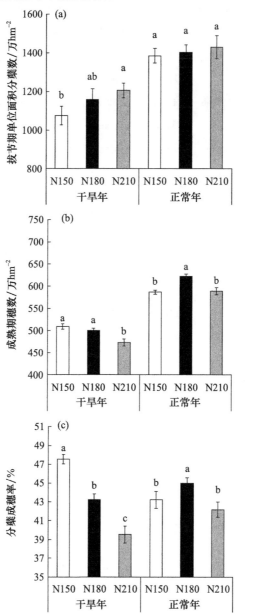

图 4-10　降雨年型与施氮量对旱地小麦拔节期单位面积分蘖数(a)、
成熟期穗数(b)和分蘖成穗率(c)的影响

表 4-6　降雨年型与施氮量对旱地小麦拔节期群体分蘖数、成熟期穗数和分蘖成穗率的影响

年份	不同施氮量拔节期群体分蘖数/万 hm^{-2}						
	N0	N90	N120	N150	N180	N210	N240
2009—2010 年	1104b	1161ab	1195ab	1178ab	1199ab	1296a	1329a
2010—2011 年	1332c	1375c	1482b	1496b	1556a	1523ab	1592a
2011—2012 年	1380e	1364e	1510d	1585c	1548c	1774a	1635b
2012—2013 年	1000a	942b	990a	1010a	1042a	1013a	1028a
2013—2014 年	1091e	1252d	1401c	1476b	1444b	1425b	1629a
2014—2015 年	1029ab	1168a	1069ab	986b	1065ab	1000ab	1068ab
2015—2016 年	891d	986c	1072b	1069b	1183ab	1250a	1301a
2016—2017 年	961d	983d	1063c	1042c	1206b	1261a	1295a
平均	1092c	1146c	1209b	1209b	1271ab	1300a	1344a

方差分析

年份	*
施氮量	* *
年份×施氮量	*

年份	不同施氮量成熟期穗数/万 hm^{-2}						
	N0	N90	N120	N150	N180	N210	N240
2009—2010 年	392.2e	415.8d	448.2c	486.6a	477.5b	455.2c	458.7c
2010—2011 年	542.4d	567.9c	622.7b	631.4b	655.1a	627.7b	630.8b
2011—2012 年	530.3e	574.4d	605.8c	640.7b	689.1a	677.9a	672.2a
2012—2013 年	423.2d	439.3c	468.3b	487.3a	473.2b	452.0b	451.3b
2013—2014 年	406.2d	486.1c	522.7b	552.1a	569.0a	523.0b	526.2b
2014—2015 年	438.4d	497.9c	502.7c	521.9b	574.1a	526.2b	530.8b
2015—2016 年	382.6d	424.3c	482.7b	507.1a	499.5a	469.0b	471.3b
2016—2017 年	434.6d	492.8c	526.6b	555.6a	549.0a	516.1b	519.5b
平均	443.7e	487.3d	522.4c	547.8ab	560.8a	530.8b	532.6b

方差分析

年份	*
施氮量	* *
年份×施氮量	* *

续表

年份	不同施氮量分蘖成穗率/%						
	N0	N90	N120	N150	N180	N210	N240
2009—2010 年	35.5b	35.8b	37.5ab	41.3a	39.8a	35.1b	34.5b
2010—2011 年	40.7a	41.3a	42.0a	42.2a	42.1a	41.2a	39.6a
2011—2012 年	38.4d	42.1b	40.1c	40.4c	44.5a	38.2	41.1bc
2012—2013 年	42.3c	46.6b	47.3a	48.2a	45.4b	44.6bc	43.9c
2013—2014 年	37.2ab	38.8a	37.3ab	37.4ab	39.4a	36.7b	32.3c
2014—2015 年	42.6d	42.6d	47.0c	52.9ab	53.9a	52.6ab	49.7b
2015—2016 年	42.9c	43.0c	45.0b	47.4a	42.2c	37.5d	36.2d
2016—2017 年	45.2c	50.1b	49.5b	53.3a	45.5c	40.9d	40.1d
平均	40.6d	42.5c	43.2b	45.3a	44.1b	40.8d	39.6e
方差分析							
年份			*				
施氮量			＊＊				
年份×施氮量			*				

4.2.3.2　叶面积指数

　　干旱年,施氮量 150 kg(N)·hm^{-2}较 210 kg(N)·hm^{-2}显著降低旱地小麦拔节期叶面积指数,达 15.6%;随施氮量的增加,开花期叶面积指数无显著变化,为 3.39～3.54。正常年,施氮量 180 kg(N)·hm^{-2}较 210 kg(N)·hm^{-2}显著降低旱地小麦拔节期叶面积指数,达 20.5%;随施氮量的增加,开花期叶面积指数无显著变化,为 3.67～3.86(图 4-11,表 4-7)。可见,于干旱年施氮肥 150 kg(N)·hm^{-2}、正常年施氮肥 180 kg(N)·hm^{-2},有利于旱地小麦提高拔节—开花阶段叶面积指数、提高冠层光合生产能力。

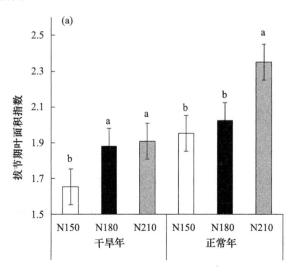

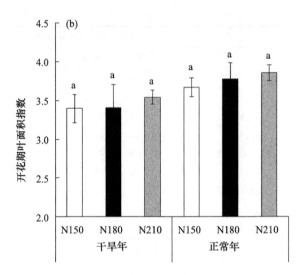

图 4-11　降雨年型与施氮量对旱地小麦拔节期(a)和
开花期(b)叶面积指数的影响

表 4-7　降雨年型与施氮量对旱地小麦拔节期和开花期叶面积指数、成熟期株高的影响

年份	不同施氮量拔节期叶面积指数						
	N0	N90	N120	N150	N180	N210	N240
2009—2010 年	1.24d	1.45c	1.54bc	1.65b	1.89a	1.93a	1.96a
2010—2011 年	1.48d	1.78c	1.81c	1.81c	1.90c	2.20b	2.35a
2011—2012 年	1.88c	1.89c	1.94c	1.91c	1.99c	2.51a	2.25b
2012—2013 年	1.11f	1.41e	1.52d	1.60d	1.78c	1.84b	1.94a
2013—2014 年	1.84c	1.86c	1.89c	2.08b	2.08b	2.33a	2.35a
2014—2015 年	1.87c	1.99c	1.98c	2.01c	2.13c	2.37b	2.45a
2015—2016 年	1.58d	1.65c	1.74c	1.68c	1.98a	1.82b	1.90a
2016—2017 年	1.12e	1.45d	1.66c	1.68c	1.87b	2.05a	1.96ab
平均	1.51d	1.68d	1.76c	1.80c	1.95b	2.13a	2.14a
方差分析							
年份				*			
施氮量				ns			
年份×施氮量				ns			

续表

年份	不同施氮量开花期叶面积指数						
	N0	N90	N120	N150	N180	N210	N240
2009—2010 年	2.65e	3.33d	3.41c	3.49c	3.20d	3.92a	3.66b
2010—2011 年	3.13c	3.61b	3.66ab	3.70ab	3.84a	3.82a	3.83a
2011—2012 年	3.22b	3.60ab	3.63ab	3.66ab	3.66ab	3.76a	3.69ab
2012—2013 年	2.68c	3.10bc	3.13bc	3.34b	3.34b	3.51a	3.49a
2013—2014 年	3.09d	3.53c	3.59bc	3.64bc	3.76b	3.88a	3.85a
2014—2015 年	3.12e	3.48d	3.58cd	3.68c	3.84a	3.96a	3.85b
2015—2016 年	2.88e	3.11d	3.28c	3.45c	3.35c	3.67a	3.51b
2016—2017 年	2.69f	3.12e	3.21d	3.30c	3.73a	3.47c	3.60b
平均	2.90d	3.30c	3.40c	3.50b	3.50b	3.70a	3.60a

方差分析

年份	*
施氮量	*
年份×施氮量	ns

年份	不同施氮量成熟期株高/cm						
	N0	N90	N120	N150	N180	N210	N240
2009—2010 年	68.2c	70.1bc	70.8b	78.0a	80.1a	74.0b	73.9b
2010—2011 年	76.8b	81.9a	83.5a	82.4a	77.7b	78.5b	80.1ab
2011—2012 年	76.2c	79.2bc	81.8b	84.7b	88.8a	86.4a	87.8a
2012—2013 年	65.8d	70.6c	74.5b	76.3b	78.4a	75.5ab	79.7a
2013—2014 年	77.3ab	81.6a	66.5c	72.2b	82.0a	78.5ab	71.8b
2014—2015 年	74.4b	79.8a	71.5c	77.0ab	79.1a	73.5b	71.0c
2015—2016 年	75.9b	71.9c	76.1b	77.9b	77.7b	79.8a	76.8b
2016—2017 年	63.1d	71.0c	69.5c	74.0c	75.3c	81.6a	78.7b
平均	72.2b	75.7ab	74.2ab	77.8a	79.8a	78.4a	77.4a

方差分析

年份	*
施氮量	* *
年份×施氮量	ns

4.2.3.3 干物质积累

干旱年,施氮量 150 kg(N)·hm^{-2}较 210 kg(N)·hm^{-2}显著降低旱地小麦拔节期干物质积累量,达 12.9%;随施氮量的增加,开花期干物质积累量无显著变化,为 8.1~8.6 t·hm^{-2}。正常年,施氮量 180 kg(N)·hm^{-2}较 210 kg(N)·hm^{-2}显著降低拔节期干物质积累量,达 12.7%;随施氮量的增加,开花期干物质积累量无显著变化,为 10.1~10.9 t·hm^{-2}(图 4-12,表 4-8)。

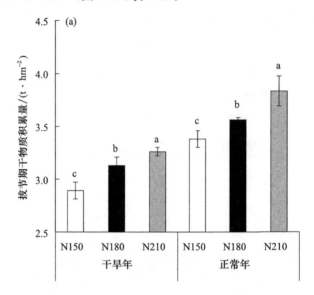

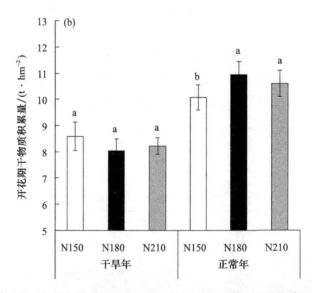

图 4-12　降雨年型与施氮量对旱地小麦拔节期(a)和开花期(b)干物质积累量的影响

表 4-8　降雨年型与施氮量对旱地小麦各生育时期植株干物质积累量的影响

单位:t・hm^{-2}

年份	拔节期不同施氮量						
	N0	N90	N120	N150	N180	N210	N240
2009—2010 年	2.59c	2.74bc	2.84b	2.92b	3.21a	3.25a	3.20a
2010—2011 年	2.50d	2.62d	3.09c	3.32b	3.41b	3.67a	3.58a
2011—2012 年	3.07d	3.27c	3.40c	3.50bc	3.78b	4.21a	4.36a
2012—2013 年	2.48c	2.68bc	2.71b	2.87b	2.82b	2.92a	2.43c
2013—2014 年	2.84c	2.85c	2.93c	2.78c	3.39b	3.55a	3.47a
2014—2015 年	2.25f	2.45e	2.70d	2.99c	3.09c	3.33b	3.60a
2015—2016 年	2.73e	2.88d	2.99c	3.17b	3.47a	3.54a	3.63a
2016—2017 年	3.36c	3.54b	3.67b	3.53b	3.59b	3.91a	3.93a
平均	2.72f	2.87e	3.04d	3.13c	3.34b	3.54a	3.54a

方差分析	
年份	*
施氮量	* *
年份×施氮量	*

年份	开花期不同施氮量						
	N0	N90	N120	N150	N180	N210	N240
2009—2010 年	5.94e	6.61d	7.19c	7.31b	7.91a	7.44b	5.79e
2010—2011 年	7.47d	9.03c	10.29b	10.72b	12.01a	10.58b	10.77b
2011—2012 年	8.26d	9.79c	10.62b	11.32ab	11.63a	11.90a	11.98a
2012—2013 年	5.82d	6.48c	7.05b	7.76a	7.29ab	7.16b	5.68d
2013—2014 年	7.46c	8.43b	8.64b	8.22b	9.57ab	9.46ab	10.18a
2014—2015 年	7.06e	8.75d	9.26c	10.01b	10.53a	9.25c	9.59c
2015—2016 年	5.86d	6.96c	7.13c	7.70a	7.47b	6.95c	5.85d
2016—2017 年	6.73d	8.55b	8.75b	9.18a	9.46a	8.54b	7.18c
平均	6.07c	7.19b	7.67b	8.04ab	8.45a	7.94ab	7.47b

方差分析	
年份	*
施氮量	* *
年份×施氮量	*

续表

年份	成熟期不同施氮量						
	N0	N90	N120	N150	N180	N210	N240
2009—2010 年	6.79e	8.11d	9.37b	10.91a	10.53b	9.77bc	8.82c
2010—2011 年	9.11d	12.26c	13.66b	13.77b	15.54a	13.46b	13.69b
2011—2012 年	10.44d	11.54c	12.34b	12.96ab	13.18ab	13.67a	13.25ab
2012—2013 年	7.02e	8.58d	9.54c	10.44a	10.01b	9.24c	8.57d
2013—2014 年	8.52e	11.08d	12.14c	11.56cd	13.15a	12.52b	13.31a
2014—2015 年	8.72e	11.35d	12.79c	14.66b	16.52a	14.88b	15.12ab
2015—2016 年	7.01e	8.75d	10.18b	11.29a	11.06b	10.21b	9.08c
2016—2017 年	8.29e	10.38c	11.13c	12.74a	12.56a	12.34ab	10.21d
平均	7.32e	9.13d	10.14c	10.81b	11.41a	10.70b	10.25c
方差分析							
年份				*			
施氮量				*			
年份×施氮量				*			

干旱年,施氮量 150 kg(N)·hm^{-2} 较 210 kg(N)·hm^{-2} 显著提高旱地小麦成熟期干物质积累量,达 10.7%;提高旱地小麦收获指数,达 5.5%。正常年,施氮量 180 kg(N)·hm^{-2} 较 210 kg(N)·hm^{-2} 显著提高旱地小麦成熟期干物质积累量,达 9.6%;提高旱地小麦收获指数,达 4.0%(图 4-13,表 4-8)。

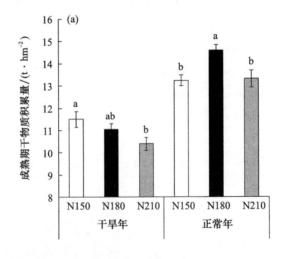

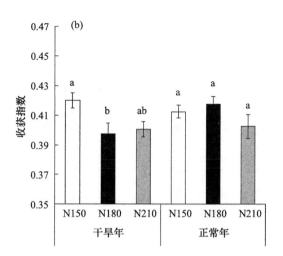

图 4-13　降雨年型与施氮量对旱地小麦成熟期
干物质积累量(a)和收获指数(b)的影响

干旱年,施氮量 150 kg(N)·hm^{-2} 较 210 kg(N)·hm^{-2} 显著提高旱地小麦拔节—开花阶段干物质积累量,达 14.8%;显著提高旱地小麦开花—成熟阶段干物质积累量,达 34.5%。正常年,施氮量 180 kg(N)·hm^{-2} 较 210 kg(N)·hm^{-2} 显著提高旱地小麦拔节—开花阶段干物质积累量,达 9.0%;显著提高旱地小麦开花—成熟阶段干物质积累量,达 34.3%(图 4-14)。

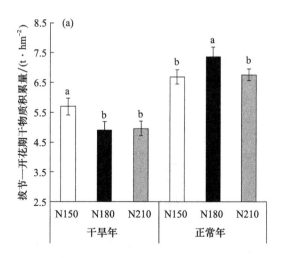

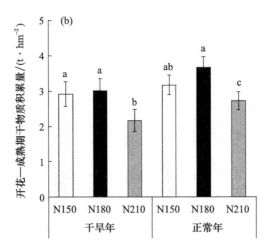

图 4-14　降雨年型与施氮量对旱地小麦拔节—开花期(a)和
开花—成熟期(b)干物质积累量的影响

4.2.3.4　花前/花后干物质积累转运

干旱年,施氮量 150 kg(N)·hm⁻² 较 210 kg(N)·hm⁻² 显著降低旱地小麦花前干物质转运对籽粒的贡献量,达 18.6%;显著提高旱地小麦花后干物质积累对籽粒的贡献量,达 13.5%;显著提高旱地小麦花后干物质转运对籽粒的贡献率,达 14.1%。正常年,施氮量 180 kg(N)·hm⁻² 较 210 kg(N)·hm⁻² 显著降低旱地小麦花前干物质转运对籽粒的贡献量,达 12.3%;显著提高旱地小麦花后干物质积累对籽粒的贡献量,达 11.3%;显著提高旱地小麦花后干物质转运对籽粒的贡献率,达 9.2%(图 4-15,表 4-9)。可见,于干旱年施氮肥 150 kg(N)·hm⁻²、正常年施氮肥 180 kg(N)·hm⁻²,有利于小麦花后籽粒灌浆、提高产量。

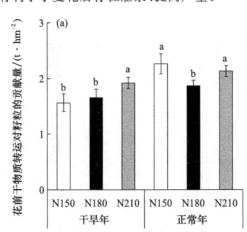

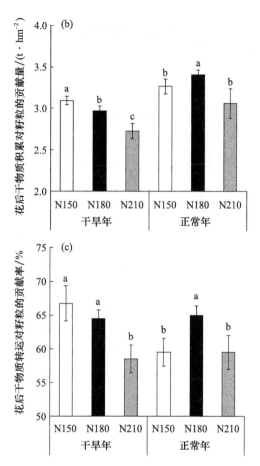

图 4-15 不同降雨年型与施氮量旱地小麦花前干物质转运(a)、
花后干物质积累(b)籽粒的贡献量和花后干物质转运对籽粒的贡献率(c)的变化

表 4-9 不同降雨年型与施氮量旱地小麦花前/花后干物质转运对籽粒的贡献量和贡献率的变化

年份	不同施氮量花前干物质转运对籽粒的贡献量/(t·hm⁻²)						
	N0	N90	N120	N150	N180	N210	N240
2009—2010 年	1.45e	1.89b	1.73c	1.55d	1.65d	1.92b	2.21a
2010—2011 年	1.88e	1.59f	2.10d	2.61b	2.22c	2.71a	2.66b
2011—2012 年	1.37f	1.62e	2.51b	2.87a	2.05d	2.03d	2.38c
2012—2013 年	1.27d	1.27d	1.51b	1.52b	1.55b	2.09a	1.42c
2013—2014 年	1.82b	1.65c	1.49d	1.90b	1.61c	2.08a	1.87b
2014—2015 年	1.33b	1.68a	1.62b	1.68a	1.60b	1.71a	1.69a
2015—2016 年	1.19d	1.38c	1.34c	1.55b	1.75a	1.81a	1.57b

续表

年份	不同施氮量花前干物质转运对籽粒的贡献量/(t·hm⁻²)						
	N0	N90	N120	N150	N180	N210	N240
2016—2017 年	1.29e	2.03a	2.05a	1.63d	1.68d	1.86b	1.78c
平均	1.45f	1.76e	1.91d	2.03c	2.01c	2.27a	2.19b

方差分析

年份	*
施氮量	* *
年份×施氮量	ns

年份	不同施氮量花后干物质积累对籽粒的贡献量/(t·hm⁻²)						
	N0	N90	N120	N150	N180	N210	N240
2009—2010 年	0.84g	1.49f	2.18d	2.79a	2.61b	2.32c	2.02e
2010—2011 年	1.63e	3.23c	3.37bc	3.43b	3.52a	2.87d	2.91d
2011—2012 年	2.18d	2.74a	2.72a	2.64b	2.75a	2.70a	2.27c
2012—2013 年	1.19f	2.09e	2.49d	2.68b	2.57c	2.07e	2.89a
2013—2014 年	1.05e	2.65a	3.50b	3.34c	3.57ab	3.05d	3.12cd
2014—2015 年	1.66e	2.59d	3.52c	3.65b	3.78a	3.62b	3.53bc
2015—2016 年	1.14e	1.78d	3.05c	3.59a	3.59a	3.25b	3.23b
2016—2017 年	1.55g	1.83f	2.37e	3.32a	3.10c	3.27b	3.02d
平均	1.40d	2.30c	2.90b	3.18a	3.18a	2.90b	2.87b

方差分析

年份	*
施氮量	* *
年份×施氮量	ns

年份	不同施氮量花前/花后干物质转运对籽粒的贡献率/(%/%)						
	N0	N90	N120	N150	N180	N210	N240
2009—2010 年	63/36	35/65	44/56	35/65	38/62	45/55	52/48
2010—2011 年	53/47	32/67	38/62	43/57	38/62	48/52	47/53
2011—2012 年	38/62	37/63	47/53	52/48	42/58	42/58	51/49
2012—2013 年	51/49	37/63	37/63	36/64	37/63	50/50	32/68
2013—2014 年	63/36	38/62	29/71	36/64	31/69	40/60	37/63
2014—2015 年	44/56	39/61	31/69	31/69	29/71	32/68	32/68
2015—2016 年	51/49	40/60	30/70	30/70	32/68	35/65	32/68
2016—2017 年	45/55	52/48	46/54	32/68	35/65	36/64	37/63
平均	50/50	38/62	40/60	39/61	39/61	38/62	40/60

方差分析

年份	* / * *
施氮量	ns/ns
年份×施氮量	ns/ns

4.2.4　降雨年型与氮肥对旱地小麦氮素积累转运的影响

4.2.4.1　各生育时期氮素积累

干旱年,施氮量 150 kg(N)·hm^{-2} 较 210 kg(N)·hm^{-2} 显著降低旱地小麦拔节期植株氮素积累量,达 19.4%;显著降低开花期植株氮素积累量,达 11.7%;显著降低成熟期植株氮素积累量,达 12.1%。正常年,施氮量 180 kg(N)·hm^{-2} 较 210 kg(N)·hm^{-2} 显著降低旱地小麦拔节期植株氮素积累量,达 9.8%;显著降低开花期植株氮素积累量,达 10.7%;显著降低成熟期植株氮素积累量,达 6.0%(图 4-16,表 4-10)。可见,干旱年施氮肥 150 kg(N)·hm^{-2}、正常年施氮肥 180 kg(N)·hm^{-2},有利于降低旱地小麦各生育时期植株氮素积累量。

4.2.4.2　成熟期各器官氮素积累

干旱年,施氮量 150 kg(N)·hm^{-2} 较 210 kg(N)·hm^{-2} 显著降低旱地小麦成熟期叶片氮素积累量,达 25%;随施氮量增加,成熟期茎秆＋叶鞘和穗轴＋颖壳氮素积累量均无显著差异,分别为 20.2~25.2 kg(N)·hm^{-2} 和 3.5~4.1 kg(N)·hm^{-2}。正常年,施氮量 180 kg(N)·hm^{-2} 较 210 kg(N)·hm^{-2} 提高旱地小麦成熟期叶片氮素积累量,达 3%;显著降低旱地小麦成熟期穗轴＋颖壳氮素积累量,达 24%;随施氮量增加,成熟期茎秆＋叶鞘氮素积累量无显著差异,为 23.3~27.7 kg(N)·hm^{-2}(图 4-17,表 4-11)。

干旱年,施氮量 150 kg(N)·hm^{-2} 较 210 kg(N)·hm^{-2} 显著降低旱地小麦籽粒氮素浓度,达 3.0%;随着施氮量的增加,旱地小麦成熟期籽粒氮素积累量和氮收获指数无显著差异,分别为 21.4~22.5 kg(N)·hm^{-2} 和 0.67~0.69。正常年,施氮量 180 kg(N)·hm^{-2} 较 210 kg(N)·hm^{-2} 显著降低旱地小麦籽粒氮素浓度,达 2.5%;随着施氮量的增加,旱地小麦成熟期籽粒氮素积累量和氮收获指数无显著差异,分别为 21.9~22.8 kg(N)·hm^{-2} 和 0.66~0.68(图 4-18)。

4.2.4.3　花前/花后氮素积累

干旱年,施氮量 150 kg(N)·hm^{-2} 较 210 kg(N)·hm^{-2} 显著提高旱地小麦花后氮素吸收量,达 28.7%;显著降低花前氮素转运量,达 13.0%;显著降低花前转运氮素对籽粒氮的贡献率,达 5.0%。正常年,施氮量 180 kg(N)·hm^{-2} 较 210 kg(N)·hm^{-2} 显著提高旱地小麦花后氮素吸收量,达 37.0%;显著降低花前氮素转运量,达 15.0%;显著降低花前转运氮素对籽粒氮的贡献率,达 14.3%(图 4-19,　表 4-12)。可见,于干旱年施氮肥 150 kg(N)·hm^{-2}、正常年施氮肥量 180 kg(N)·hm^{-2},能够提高旱地小麦花后的植株氮吸收量,但会降低花前氮转运量以及花前转运氮对籽粒氮的贡献率。

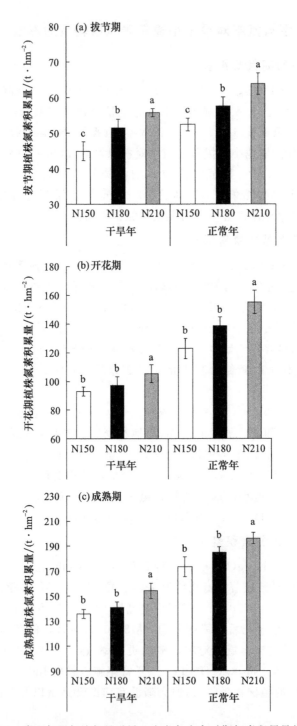

图 4-16 降雨年型与施氮量对旱地小麦各生育时期氮素积累量的影响

表 4-10　降雨年型与施氮量对旱地小麦各生育时期植株氮素积累量的影响

单位:kg・hm⁻²

年份	拔节期不同施氮量						
	N0	N90	N120	N150	N180	N210	N240
2009—2010 年	36.7f	38.9e	41.3d	45.8c	55.4b	59.4a	58.2a
2010—2011 年	37.9f	41.5e	50.2d	53.5c	64.5b	69.0a	70.7a
2011—2012 年	44.6e	49.2d	48.8d	54.4c	54.1c	61.8b	64.4a
2012—2013 年	31.4c	32.7bc	34.1b	33.3b	35.3b	38.9a	38.6a
2013—2014 年	43.9e	44.4e	45.2e	47.6d	53.3c	61.1b	63.7a
2014—2015 年	36.0f	40.2e	45.1d	54.0c	58.7b	63.7a	64.9a
2015—2016 年	36.1f	38.6e	42.9d	48.5c	49.0c	55.9b	51.8b
2016—2017 年	47.2e	50.6d	53.8c	52.0c	65.9b	68.6a	66.9b
平均	39.2f	42.0e	45.1d	48.6c	54.5b	59.8a	59.9a

方差分析

年份		*
施氮量		*
年份×施氮量		*

年份	开花期不同施氮量						
	N0	N90	N120	N150	N180	N210	N240
2009—2010 年	61.9f	68.4e	79.6d	86.2c	95.8a	94.0a	90.3b
2010—2011 年	84.4g	99.5f	120.0e	131.8d	149.8c	168.9a	163.3b
2011—2012 年	88.9f	107.4e	114.4d	130.1c	136.8b	156.8a	152.1a
2012—2013 年	74.8d	81.0c	86.2c	99.9b	100.2b	114.2a	112.1a
2013—2014 年	86.5d	96.7c	100.4c	101.3c	125.1b	141.3a	137.3a
2014—2015 年	85.1f	106.1e	115.8d	128.3c	142.8b	154.2a	155.8a
2015—2016 年	60.2e	69.5d	77.4c	86.0b	88.4b	99.4a	91.2b
2016—2017 年	70.9e	91.2d	96.9c	100.1b	104.0b	113.9a	116.9a
平均	76.5f	89.9e	98.8d	107.9c	117.8b	130.3a	127.3a

方差分析

年份		*
施氮量		* *
年份×施氮量		*

续表

年份	成熟期不同施氮量						
	N0	N90	N120	N150	N180	N210	N240
2010—2011 年	118.1f	158.3e	175.5c	170.1d	190.4b	198.8a	198.4a
2011—2012 年	122.1f	146.1e	164.3d	174.8c	181.9b	186.1a	182.3b
2012—2013 年	94.1e	119.3d	129.4c	146.9ab	144.9b	148.8a	141.3b
2013—2014 年	102.5e	142.1d	157.8c	165.9b	174.4ab	176.4a	178.2a
2014—2015 年	113.9e	150.8d	171.8c	182.7b	193.2a	195.2a	191.4a
2015—2016 年	83.7e	106.3d	126.2c	143.6a	132.7b	142.9a	142.9a
2016—2017 年	98.8e	127.2d	140.4c	149.9a	151.4a	146.8b	139.6c
平均	102.1d	132.6c	148.9b	159.4a	163.1a	167.6a	164.4a
方差分析							
年份			*				
施氮量			*				
年份×施氮量			*				

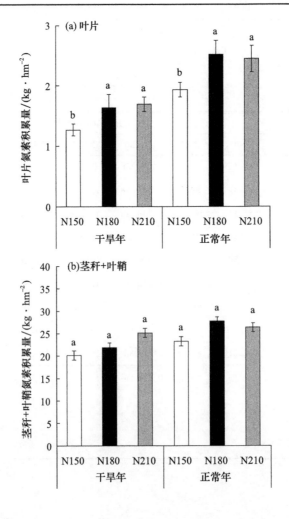

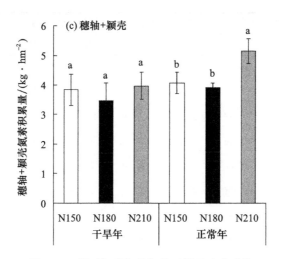

图 4-17　降雨年型与施氮量对旱地小麦成熟
期各器官氮素积累量的影响

**表 4-11　降雨年型与施氮量对旱地小麦成熟期各器官氮素积累、
籽粒氮素浓度和氮收获指数的影响**

年份	不同施氮量叶片氮素积累/(kg(N)·hm⁻²)						
	N0	N90	N120	N150	N180	N210	N240
2009—2010 年	0.86d	0.81d	1.20b	1.08c	1.57a	1.31b	1.03c
2010—2011 年	1.95c	2.18bc	3.23a	1.94c	2.09c	2.30b	2.51b
2011—2012 年	2.40b	2.23c	2.57b	2.22c	2.69a	2.88a	2.79a
2012—2013 年	0.84c	0.92c	1.24a	1.17b	1.39a	1.11b	0.93c
2013—2014 年	1.19b	0.98c	1.15b	0.81c	1.52a	1.46a	1.64a
2014—2015 年	1.70e	1.65e	2.04d	2.78c	3.77a	3.14b	2.92c
2015—2016 年	0.80d	0.94c	1.39b	1.34b	1.46a	1.49a	0.99c
2016—2017 年	0.95d	1.25c	1.55b	1.48b	2.10a	2.09a	1.11c
平均	1.33c	1.37c	1.79b	1.60b	2.07a	1.97a	1.74b
方差分析							
年份			* / *				
施氮量			* / **				
年份×施氮量			* / *				

续表

年份	不同施氮量茎秆＋叶鞘氮素积累/(kg(N)·hm^{-2})						
	N0	N90	N120	N150	N180	N210	N240
2009—2010 年	15.9e	17.8d	18.3c	19.6b	21.5a	20.5a	19.1b
2010—2011 年	16.8d	22.0c	21.4c	22.4c	27.4a	25.9b	26.4ab
2011—2012 年	18.8d	22.0b	20.9c	23.2ab	24.9a	25.1a	25.5a
2012—2013 年	16.0c	18.5b	18.3b	19.8a	21.0a	20.3a	19.3a
2013—2014 年	17.8c	22.1b	21.9b	22.3b	26.8a	25.3ab	27.2a
2014—2015 年	17.5f	22.6e	22.5e	25.2d	31.8a	29.1c	30.4b
2015—2016 年	15.9c	18.3b	19.0b	20.3a	21.5a	20.5a	18.9b
2016—2017 年	16.9d	20.0c	19.6c	21.0b	23.6a	23.4a	21.9b
平均	16.9d	20.4c	20.2c	21.7b	24.8a	25.7a	23.5a

方差分析

年份	* / *
施氮量	* * / *
年份×施氮量	* /ns

年份	不同施氮量穗轴＋颖壳氮素积累/(kg(N)·hm^{-2})						
	N0	N90	N120	N150	N180	N210	N240
2009—2010 年	0.99e	1.58d	2.06c	3.22ab	3.05b	3.60a	3.18ab
2010—2011 年	0.89e	1.74d	2.71c	4.28b	4.29b	5.34a	4.57b
2011—2012 年	1.02f	2.04e	2.40d	3.75c	3.31c	5.21a	4.31b
2012—2013 年	1.90e	2.74d	3.19c	4.64a	3.93b	3.07c	2.89d
2013—2014 年	1.01g	2.16f	2.59e	3.61c	3.82c	4.76b	5.38a
2014—2015 年	1.16f	1.90e	2.79d	4.63b	4.23c	5.29a	4.87b
2015—2016 年	0.95e	1.82d	2.28c	3.53a	2.95b	3.68a	2.72b
2016—2017 年	1.17f	2.06e	2.57d	3.98b	3.92b	5.24a	3.67c

方差分析

年份	* / *
施氮量	* /ns
年份×施氮量	* /ns

续表

年份	不同施氮量籽粒氮素积累/(kg(N)·hm⁻²)						
	N0	N90	N120	N150	N180	N210	N240
2009—2010 年	54.1d	74.8c	86.3b	98.1a	97.1a	98.6a	95.6a
2010—2011 年	81.4d	108.9c	121.8b	116.1b	126.1a	124.7a	124.5a
2011—2012 年	82.1e	97.1d	112.3c	120.9b	122.9b	131.1a	127.6ab
2012—2013 年	58.4e	78.7d	87.2c	100.1a	97.1a	96.7ab	94.9b
2013—2014 年	67.7d	95.8c	108.8b	114.2a	117.1a	117.8a	117.1a
2014—2015 年	78.1d	102.7c	118.9b	123.1a	125.4a	122.3a	123.4a
2015—2016 年	54.6d	70.5c	85.1b	97.9a	95.2a	95.1a	96.9a
2016—2017 年	66.1d	85.8c	96.3b	102.6a	99.5a	102.1a	98.8a
平均	67.8d	89.3c	102.1b	109.1a	110.1a	111.1a	109.8a

方差分析

年份	* / *
施氮量	* / * *
年份×施氮量	* / *

年份	不同施氮量籽粒氮素浓度/(g·kg⁻¹)						
	N0	N90	N120	N150	N180	N210	N240
2009—2010 年	23.52a	22.1c	22.1c	22.5b	22.7b	23.2a	22.6ab
2010—2011 年	23.2a	22.5b	22.2d	21.2d	21.9c	22.7b	22.7b
2011—2012 年	23.1a	22.2d	21.4d	21.9c	21.9c	22.6b	22.6b
2012—2013 年	23.6a	23.3a	21.7c	22.2b	22.7b	23.2ab	23.1ab
2013—2014 年	23.5a	22.2b	21.7c	21.7c	22.5b	22.8ab	23.1a
2014—2015 年	24.4a	22.8c	22.2c	22.5c	22.5c	23.1b	23.2b
2015—2016 年	23.4a	22.2b	21.3c	21.1c	21.1c	21.6c	22.1b
2016—2017 年	23.2a	22.2b	21.7b	21.1c	20.9c	21.9b	21.9b
平均	23.5a	22.5b	21.8c	21.8c	22.1c	22.6b	22.6b

方差分析

年份	* / *
施氮量	* * / *
年份×施氮量	* /ns

续表

年份	不同施氮量氮收获指数						
	N0	N90	N120	N150	N180	N210	N240
2009—2010 年	0.64b	0.67ab	0.68a	0.69a	0.71a	0.67ab	0.67ab
2010—2011 年	0.68a	0.68a	0.69a	0.68a	0.66b	0.62c	0.62c
2011—2012 年	0.67b	0.66b	0.68ab	0.69a	0.67b	0.70a	0.70a
2012—2013 年	0.62c	0.65b	0.67ab	0.68a	0.66ab	0.64b	0.67ab
2013—2014 年	0.66ab	0.67b	0.68a	0.68a	0.67b	0.66ab	0.65b
2014—2015 年	0.68a	0.68a	0.69a	0.67a	0.64ab	0.62b	0.64ab
2015—2016 年	0.65b	0.66ab	0.67b	0.68a	0.71a	0.66ab	0.67b
2016—2017 年	0.66b	0.67b	0.68a	0.68a	0.65b	0.69a	0.70a
平均	0.66b	0.67ab	0.68a	0.68a	0.67ab	0.66b	0.67ab

方差分析

年份	* / *
施氮量	* /ns
年份×施氮量	* /ns

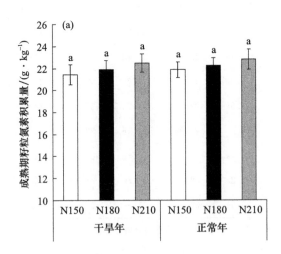

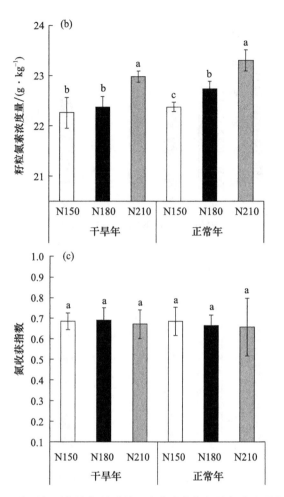

图 4-18　降雨年型与施氮量对旱地小麦成熟期籽粒氮素积累量(a)、
籽粒氮素浓度量(b)和氮收获指数(c)的影响

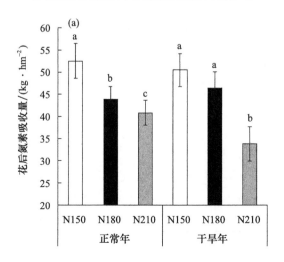

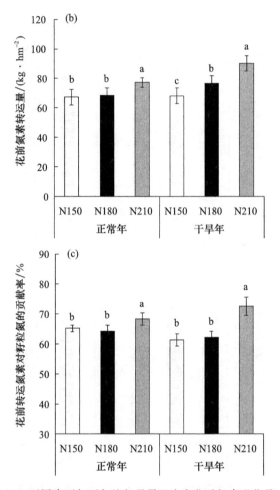

图 4-19　不同降雨年型与施氮量旱地小麦花后氮素吸收量(a)、
花前氮素转运量(b)和花前转运氮素对籽粒氮的贡献率(c)的变化

表 4-12　降雨年型与施氮量对旱地小麦花前/花后氮素积累转运指标的影响

年份	不同施氮量花前氮素转运对籽粒氮的贡献量/(kg·hm⁻²)						
	N0	N90	N120	N150	N180	N210	N240
2009—2010 年	32.3e	31.9e	39.7d	42.4c	57.7a	46.4b	44.3c
2010—2011 年	47.7e	50.1e	66.3d	77.8c	85.4b	94.8a	89.4b
2011—2012 年	48.8e	58.4d	62.4c	76.2b	77.8b	101.7a	97.4a
2012—2013 年	39.1d	40.4c	44.1c	53.1b	52.3b	62.1a	65.7a
2013—2014 年	51.7c	50.4c	51.4c	49.6c	67.7b	82.7a	76.1a
2014—2015 年	49.2e	58.1d	62.9cd	68.7c	75.1b	81.3b	87.8a
2015—2016 年	31.1f	33.7e	36.3d	40.3c	50.9a	51.5a	45.2b

续表

年份	不同施氮量花前氮素转运对籽粒氮的贡献量/(kg·hm^{-2})						
	N0	N90	N120	N150	N180	N210	N240
2016—2017 年	38.2d	49.8c	52.8c	52.8c	52.1c	69.2b	76.1a
平均	42.2f	46.5e	51.9d	57.6c	64.8b	73.7a	72.7a

方差分析	
年份	*
施氮量	*
年份×施氮量	*

年份	不同施氮量花后氮素积累对籽粒氮的贡献量/(kg·hm^{-2})						
	N0	N90	N120	N150	N180	N210	N240
2009—2010 年	21.7d	42.9b	46.6b	55.7a	39.3c	52.2a	51.3ab
2010—2011 年	33.7c	58.8a	55.5a	38.3d	40.6b	29.9e	35.1c
2011—2012 年	33.2c	38.7c	49.9a	44.7b	45.1b	29.3d	30.2d
2012—2013 年	19.3e	38.3c	43.2b	47.1a	44.7ab	34.6c	29.2d
2013—2014 年	16.1e	45.4b	57.4a	64.6a	49.3b	35.1d	40.9c
2014—2015 年	28.8e	44.7c	56.0a	54.4a	50.4b	41.0c	35.6d
2015—2016 年	23.5e	36.8d	48.8b	57.6a	44.3c	43.5c	51.7ab
2016—2017 年	27.9e	36.0c	43.5b	49.8a	47.4a	32.9c	22.7d
平均	25.6d	42.7b	50.1a	51.5a	45.2b	37.3c	37.1c

方差分析	
年份	*
施氮量	＊＊
年份×施氮量	*

年份	不同施氮量花前氮素转运对籽粒氮的贡献率/%						
	N0	N90	N120	N150	N180	N210	N240
2009—2010 年	59.8a	52.6c	56.1b	57.2b	59.4a	57.1b	56.3b
2010—2011 年	58.6d	46.1e	54.4d	67.1c	67.7c	76.1a	71.8b
2011—2012 年	59.5c	60.1c	55.5d	63.1b	63.3b	77.6a	76.3a
2012—2013 年	67.1a	51.3d	50.4d	53.1c	53.9c	64.2b	69.2a
2013—2014 年	76.3a	52.6c	57.2d	58.4d	57.8c	70.2b	65.1b
2014—2015 年	63.1b	56.4c	52.9c	55.8c	59.8b	66.4b	71.1a
2015—2016 年	57.1c	67.8a	62.6b	61.2b	63.4a	64.2a	66.6a
2016—2017 年	57.8c	58.1c	54.8cd	51.4d	52.3d	67.7b	77.1a
平均	62.2b	62.1b	60.9b	65.7b	68.9a	66.3a	66.1a

方差分析	
年份	*
施氮量	*
年份×施氮量	*

4.2.4.4 氮肥利用效率和氮肥偏生产力

干旱年,施氮量 150 kg(N) · hm^{-2} 较 210 kg(N) · hm^{-2} 显著提高旱地小麦氮肥利用效率和氮肥偏生产力,分别达 36% 和 32%。正常年,施氮量 180 kg(N) · hm^{-2} 较 210 kg(N) · hm^{-2} 显著提高旱地小麦氮肥利用效率和氮肥偏生产力,分别达 17% 和 15%(图 4-20,表 4-13)。

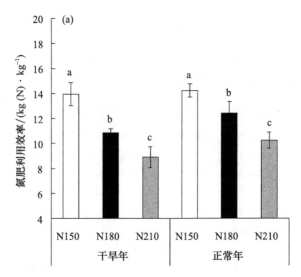

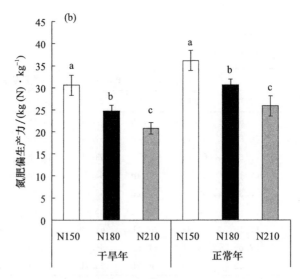

图 4-20 降雨年型与施氮量对旱地小麦氮肥利用
效率(a)和氮肥偏生产力(b)的影响

表 4-13　降雨年型与施氮量对旱地小麦氮肥利用效率指标的影响

单位:kg(N)·kg^{-1}

年份	不同施氮量作物氮素生产效率						
	N0	N90	N120	N150	N180	N210	N240
2009—2010 年	27.5b	30.4a	30.9a	30.6a	31.6a	29.1ab	29.9a
2010—2011 年	29.7b	30.5b	31.2ab	32.1a	30.1b	27.6c	27.6c
2011—2012 年	29.1b	29.9ab	31.8a	31.5a	30.8ab	31.2a	31.1a
2012—2013 年	26.2c	28.2b	30.9a	30.6a	29.4b	28.1b	29.1b
2013—2014 年	28.1c	30.3b	31.6a	31.6a	29.7b	29.1b	28.5c
2014—2015 年	28.1c	29.7b	31.1a	29.8a	28.7b	27.2c	27.7c
2015—2016 年	27.9c	29.8b	31.6a	32.3a	33.9a	30.7b	30.7b
2016—2017 年	28.8b	30.3b	31.5a	32.4a	31.3a	31.7a	32.3a
平均	28.3c	29.9b	31.2a	31.5a	30.6b	29.4b	29.6b

方差分析

年份　　　　　　　　　　*

施氮量　　　　　　　　　*

年份×施氮量　　　　　　*

年份	不同施氮量氮肥利用效率						
	N0	N90	N120	N150	N180	N210	N240
2009—2010 年	—	12.1b	13.4a	13.6a	10.9c	9.2d	8.1e
2010—2011 年	—	14.6b	16.4a	13.0c	12.4d	9.4e	8.2f
2011—2012 年	—	9.0e	14.0a	13.0b	11.3c	10.7d	8.7f
2012—2013 年	—	10.0c	12.8b	13.5a	10.0c	8.1d	6.8e
2013—2014 年	—	15.8b	17.6a	15.8b	12.8c	10.8d	9.2e
2014—2015 年	—	14.4b	18.0a	15.1b	13.1c	10.1d	8.8e
2015—2016 年	—	9.2c	13.8b	15.3a	12.0bc	9.8c	8.5d
2016—2017 年	—	11.2c	13.1b	13.4a	10.5d	8.6e	6.9f
平均	—	12.0b	14.7a	14.2a	11.6b	9.7c	8.2d

方差分析

年份　　　　　　　　　　*

施氮量　　　　　　　　　* *

年份×施氮量　　　　　　*

续表

年份	不同施氮量氮肥偏生产力						
	N0	N90	N120	N150	N180	N210	N240
2009—2010 年	—	37.6a	32.5b	29.0c	23.7d	20.2e	17.6f
2010—2011 年	—	53.6a	45.6b	36.4c	31.9d	26.1e	22.8f
2011—2012 年	—	48.5a	43.6b	36.8c	31.1d	27.6e	23.5f
2012—2013 年	—	37.4a	33.4b	30.0c	23.7d	19.8e	17.1f
2013—2014 年	—	47.8a	41.6b	35.0c	28.8d	24.5e	21.1f
2014—2015 年	—	49.8a	44.5b	36.4c	30.8d	25.2e	22.1f
2015—2016 年	—	35.2a	33.3b	30.9c	25.0d	20.9e	18.2f
2016—2017 年	—	42.8a	36.9b	32.4c	26.3d	22.1e	18.7f
平均	—	44.1a	38.8b	33.5c	27.7d	23.5e	20.3f
方差分析							
年份				*			
施氮量				*			
年份×施氮量				*			

4.2.5　降雨年型与氮肥对旱地小麦籽粒蛋白质含量的影响

4.2.5.1　籽粒蛋白质含量

　　干旱年,施氮量 150 kg(N)·hm^{-2} 较 210 kg(N)·hm^{-2} 显著降低旱地小麦籽粒蛋白质含量,达 0.5%。正常年,施氮量 180 kg(N)·hm^{-2} 较 210 kg(N)·hm^{-2} 显著降低旱地小麦籽粒蛋白质含量,达 0.6%(图 4-21,表 4-14)。可见,于干旱年施氮肥 150 kg(N)·hm^{-2}、正常年施氮肥 180 kg(N)·hm^{-2},显著降低了旱地小麦籽粒蛋白质含量。

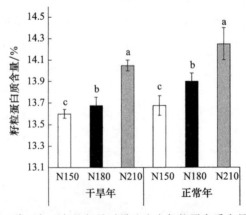

图 4-21　降雨年型与施氮量对旱地小麦籽粒蛋白质含量的影响

4.2.5.2　籽粒蛋白质组分

干旱年,随施氮量的增加,旱地小麦籽粒清蛋白、球蛋白和谷蛋白含量均无显著差异,分别为 2.19%~2.34%、1.37%~1.44%和 3.98%~4.17%;施氮量 150 kg (N)·hm^{-2}较 210 kg(N)·hm^{-2}显著降低旱地小麦籽粒醇溶蛋白含量。正常年,随施氮量的增加,旱地小麦籽粒清蛋白、球蛋白和谷蛋白含量均无显著差异,分别为 2.42%~2.54%、1.52%~1.59%和 3.77%~3.96%;施氮量 180 kg(N)·hm^{-2}较 210 kg(N)·hm^{-2}显著降低旱地小麦籽粒醇溶蛋白含量(图 4-22,表 4-14)。

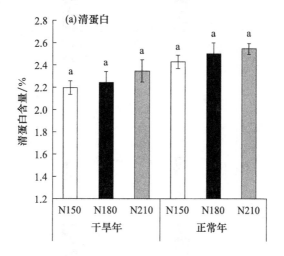

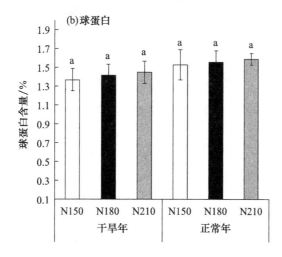

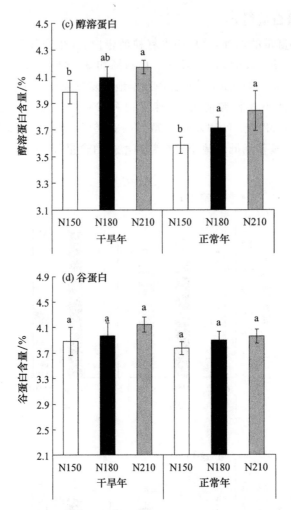

图 4-22　降雨年型与施氮量对旱地小麦籽粒蛋白质组分的影响

表 4-14　降雨年型与施氮量对旱地小麦蛋白质含量及其各组分含量的影响

年份	不同施氮量清蛋白含量/%						
	N0	N90	N120	N150	N180	N210	N240
2009—2010 年	1.73d	1.75d	1.82c	2.10b	2.10b	2.17ab	2.22a
2010—2011 年	1.84d	2.26c	2.41b	2.53a	2.61a	2.59a	2.60a
2011—2012 年	1.86e	2.01d	2.15c	2.26c	2.36b	2.53a	2.62a
2012—2013 年	1.88d	1.93c	1.96c	2.13bc	2.20b	2.27b	2.32a
2013—2014 年	1.96d	2.02c	2.25b	2.44a	2.46a	2.47a	2.48a
2014—2015 年	1.80d	2.16c	2.31b	2.47ab	2.57a	2.58a	2.61a
2015—2016 年	1.83d	1.94c	2.01c	2.18b	2.22b	2.45a	2.50a

续表

年份	不同施氮量清蛋白含量/%						
	N0	N90	N120	N150	N180	N210	N240
2016—2017 年	1.92c	2.06c	2.21b	2.37ab	2.42a	2.49a	2.50a
平均	1.85e	2.02d	2.14c	2.31b	2.37b	2.44a	2.48a

方差分析	
年份	* / *
施氮量	* / * *
年份×施氮量	* / *

年份	不同施氮量球蛋白含量/%						
	N0	N90	N120	N150	N180	N210	N240
2009—2010 年	1.24b	1.26b	1.29b	1.31b	1.35b	1.42a	1.47a
2010—2011 年	1.36b	1.40b	1.51a	1.54a	1.58a	1.58a	1.61a
2011—2012 年	1.33d	1.47c	1.51b	1.52b	1.54ab	1.59a	1.64a
2012—2013 年	1.14d	1.21cd	1.29c	1.38b	1.41ab	1.43a	1.46a
2013—2014 年	1.30d	1.35c	1.46c	1.51b	1.54b	1.60a	1.63a
2014—2015 年	1.34c	1.39c	1.48b	1.53ab	1.55a	1.58a	1.59a
2015—2016 年	1.16d	1.20c	1.25b	1.34b	1.38ab	1.41ab	1.45a
2016—2017 年	1.15d	1.28c	1.37b	1.44ab	1.51a	1.53a	1.48a
平均	1.25e	1.32d	1.39c	1.44bc	1.48b	1.52a	1.54a

方差分析	
年份	* / *
施氮量	* * / *
年份×施氮量	* /ns

年份	不同施氮量醇溶蛋白含量/%						
	N0	N90	N120	N150	N180	N210	N240
2009—2010 年	3.89d	3.97c	4.06c	4.18b	4.26a	4.28a	4.32a
2010—2011 年	3.16e	3.24e	3.34d	3.58c	3.72b	3.81a	3.89a
2011—2012 年	3.04d	3.16c	3.26c	3.42b	3.55b	3.81a	3.85a
2012—2013 年	3.88d	3.96c	4.03c	4.16b	4.24a	4.26a	4.29a
2013—2014 年	3.23e	3.37d	3.55c	3.71b	3.82a	3.89a	3.98a
2014—2015 年	3.12e	3.27d	3.45c	3.60b	3.75b	3.84a	3.96a
2015—2016 年	3.54e	3.67d	3.78c	3.88c	3.95b	4.15b	4.26a
2016—2017 年	3.24d	3.53c	3.65b	3.70b	3.90ab	3.98a	4.09a
平均	3.39c	3.52bc	3.64b	3.78b	3.91ab	4.01a	4.08a

方差分析	
年份	* / *
施氮量	* /ns
年份×施氮量	* /ns

续表

年份	不同施氮量谷蛋白含量/%						
	N0	N90	N120	N150	N180	N210	N240
2009—2010 年	3.37e	3.49e	3.62d	3.95c	4.05c	4.23b	4.35a
2010—2011 年	3.31c	3.40b	3.53b	3.79a	3.87a	3.90a	3.95a
2011—2012 年	3.33f	3.45e	3.56d	3.70c	3.87b	3.90b	4.01a
2012—2013 年	3.84c	4.06b	4.14b	4.19b	4.24a	4.30a	4.31a
2013—2014 年	3.36f	3.44e	3.59d	3.75c	3.92b	4.03b	4.10a
2014—2015 年	3.39f	3.45e	3.59d	3.85c	3.93b	4.01b	4.07a
2015—2016 年	3.27g	3.40f	3.52e	3.85d	3.95c	4.12b	4.26a
2016—2017 年	3.18f	3.36e	3.46d	3.53c	3.61c	3.91b	4.05a
平均	3.38f	3.51e	3.62d	3.82c	3.93c	4.05b	4.14a

方差分析

年份	*/*
施氮量	*/**
年份×施氮量	*/*

年份	不同施氮量谷醇比						
	N0	N90	N120	N150	N180	N210	N240
2009—2010 年	0.86c	0.87c	0.89c	0.94b	0.95a	0.98a	1.01a
2010—2011 年	1.04a	1.04a	1.05a	1.05a	1.03a	1.02a	1.01a
2011—2012 年	1.09a	1.09a	1.09a	1.08a	1.09a	1.02b	1.03b
2012—2013 年	0.98b	1.02a	1.02a	1.01a	1.01a	1.01a	1.01a
2013—2014 年	1.03a	1.02a	1.01a	1.01a	1.02a	1.03a	1.03a
2014—2015 年	1.08a	1.05b	1.04c	1.06b	1.04c	1.04c	1.02d
2015—2016 年	0.92b	0.92b	0.92b	0.99a	1.01a	0.99a	1.01a
2016—2017 年	0.98a	0.95b	0.94c	0.95b	0.92c	0.98a	0.98a
平均	1.01a	1.01a	0.99a	1.01a	1.01a	1.01a	1.01a

方差分析

年份	*/*
施氮量	**/*
年份×施氮量	*/ns

续表

年份	不同施氮量蛋白质含量/%						
	N0	N90	N120	N150	N180	N210	N240
2009—2010 年	14.7a	13.8c	13.8c	14.1b	14.2b	14.5a	14.1b
2010—2011 年	14.5a	14.1ab	13.9ab	13.3c	13.7b	14.2ab	14.2ab
2011—2012 年	14.4a	13.9c	13.4d	13.7c	13.7c	14.1b	14.1b
2012—2013 年	14.8a	14.6a	13.6b	13.9b	14.2ab	14.5ab	14.4ab
2013—2014 年	14.7a	13.9b	13.6c	13.6c	14.1ab	14.3ab	14.4ab
2014—2015 年	15.3a	14.3b	13.9c	14.1c	14.1c	14.4b	14.5b
2015—2016 年	14.6a	13.9b	13.3c	13.2c	13.2c	13.5b	13.8b
2016—2017 年	14.5a	13.9b	13.6b	13.2c	13.1c	13.7b	13.7b
平均	14.6a	14.1b	13.6c	13.6c	13.7c	14.2b	14.2b
方差分析							
年份				*/*			
施氮量				*/ns			
年份×施氮量				*/ns			

4.2.6　旱地小麦水氮利用特性以及产量形成的影响因子分析

4.2.6.1　土壤耗水量与穗数、产量的相关性

　　干旱年,随拔节—开花阶段 80～240 cm 土层土壤耗水量的增加,成熟期穗数增加($\alpha=1.7$,$R^2=0.45$,$P<0.0001$)。正常年,随拔节—开花阶段 80～240 cm 土层土壤耗水量的增加,成熟期穗数增加($\alpha=2.9$,$R^2=0.47$,$P<0.0001$)(图 4-23)。可见,旱地小麦穗数与生育中期 80～240 cm 土层土壤耗水密切相关。

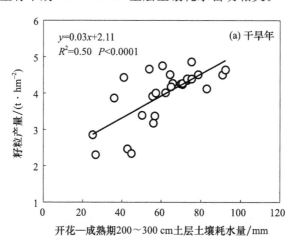

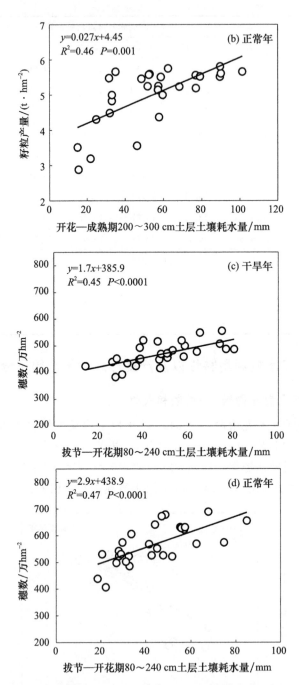

图 4-23　开花—成熟阶段 200～300 cm 土层土壤耗水量与籽粒产量(a、b)、
拔节—开花阶段 80～240 cm 土层土壤耗水量与穗数(c、d)的关系

干旱年,随开花—成熟阶段 200～300 cm 土层土壤耗水量的增加,籽粒产量增加($\alpha=0.03,R^2=0.50,P<0.0001$)。正常年,随开花—成熟阶段 200～300 cm 土层土壤耗水量的增加,籽粒产量增加($\alpha=0.027,R^2=0.46,P=0.001$)(图 4-23)。可见,旱地小麦产量与生育后期 200～300 cm 土层土壤耗水密切相关。

4.2.6.2　分蘖成穗率、叶面积指数与产量的相关性

干旱年,随分蘖成穗率的增加,籽粒产量提高($\alpha=0.014,R^2=0.48,P=0.02$)。正常年,随分蘖成穗率的增加,籽粒产量提高($\alpha=0.017,R^2=0.50,P=0.0149$)(图 4-24)。可见,旱地小麦分蘖成穗率与籽粒产量密切相关。

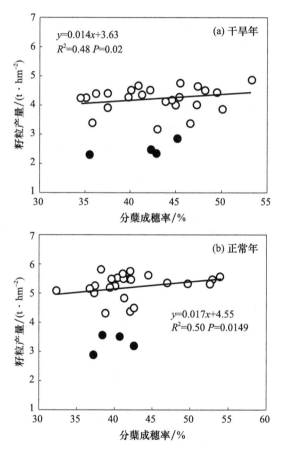

图 4-24　干旱(a)和正常(b)年型分蘖成穗率和籽粒产量的关系
(图中黑色数据点为 8 a 大田试验中不施氮处理数据,不施氮明显降低旱地小麦产量,故在进行线性回归时,将这部分数据剔除,仅以施氮处理数据点进行回归)

干旱年,随开花期叶面积指数的增加,籽粒产量呈线性＋平台关系,当开花期叶面积指数达到 3.35 时,籽粒产量不再增加($R^2=0.57,P=0.041$),达 4.51 t·hm^{-2}。正常年,随开花期叶面积指数的增加,籽粒产量呈线性＋平台关系,当开花期叶面积

指数达 3.79 时,籽粒产量不再增加($R^2 = 0.65, P < 0.01$),达 5.40 t·hm^{-2}(图 4-25)。

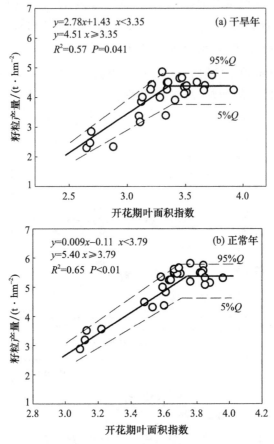

图 4-25　干旱(a)和正常(b)年型开花期叶面积指数和籽粒产量的关系

(5% Q 和 95% Q 为 95%置信区间的置信上限和置信下限,下同)

4.2.6.3　阶段干物质积累与分蘖成穗率、穗数和产量的相关性

干旱年,随拔节—开花阶段干物质积累量的增加,旱地小麦分蘖成穗率提高($\alpha = 3.67, R^2 = 0.52, P < 0.05$)(图 4-26a),成熟期穗数提高($\alpha = 31.4, R^2 = 0.62, P = 0.025$)(图 4-26c),但干物质积累量与籽粒产量并无明确的线性回归关系(图 4-26e)。正常年,随拔节—开花阶段干物质积累量的增加,旱地小麦分蘖成穗率提高($\alpha = 0.92, R^2 = 0.47, P < 0.05$)(图 4-26b),成熟期穗数提高($\alpha = 58.9, R^2 = 0.71, P < 0.01$)(图 4-26d),籽粒产量提高($R^2 = 0.63, P < 0.0001$)(图 4-26f)。可见,旱地小麦拔节—开花阶段干物质积累量与分蘖成穗过程密切相关,其能够促进成熟期穗数增加,进而提高产量。

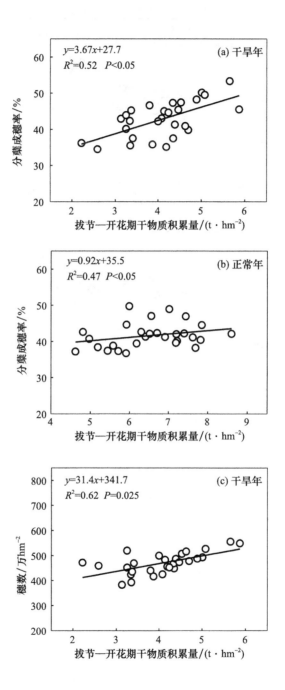

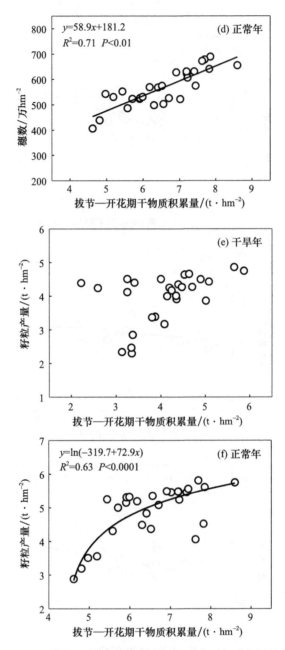

图 4-26　干旱和正常年型拔节—开花阶段干物质积累量与
分蘖成穗率(a、b)、穗数(c、d)和籽粒产量(e、f)的关系

4.2.6.4 干物质积累源库比与产量的相关性

干旱年和正常年,随干物质积累源库比的增加,籽粒产量均降低($\alpha=-11.1$, $R^2=0.50$, $P<0.05$; $\alpha=-17.4$, $R^2=0.65$, $P<0.01$)(图 4-27)。

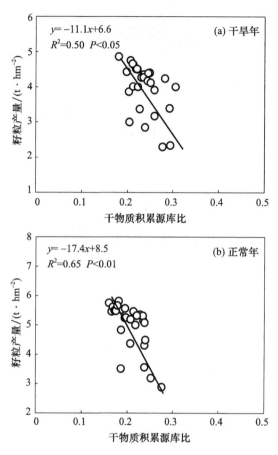

图 4-27　干旱(a)和正常(b)年型干物质积累源库比和籽粒产量的关系

4.2.6.5 氮素积累源库比与籽粒蛋白质含量的相关性

干旱年和正常年,随氮素积累源库比的增加,籽粒蛋白质的含量均提高($\alpha=0.32$, $R^2=0.46$, $P<0.05$; $\alpha=0.18$, $R^2=0.42$, $P=0.012$)(图 4-28)。

4.2.6.6 籽粒氮素浓度与产量的相关性

干旱年和正常年,随籽粒产量的增加,籽粒氮素浓度均降低($\alpha=-0.75$, $R^2=0.53$, $P<0.01$; $\alpha=-0.51$, $R^2=0.66$, $P<0.01$),且在干旱年的斜率更大(图 4-29)。

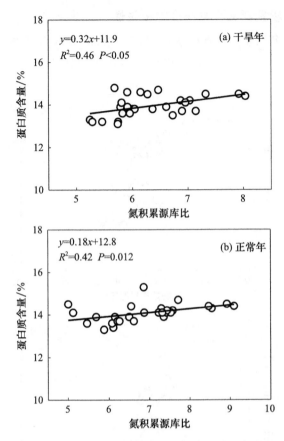

图 4-28　干旱(a)和正常(b)年型氮素积累源库比和
籽粒蛋白质含量的关系

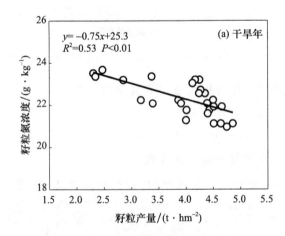

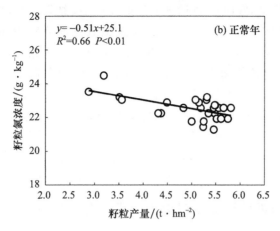

图 4-29　干旱(a)和正常(b)年型籽粒产量和籽粒氮浓度的关系

4.3　讨　　论

4.3.1　依据休闲期降雨施肥对旱地小麦产量的影响

在黄土高原旱作麦区,利用休闲期降雨确定施肥量的思路已不断被研究所证实,郝明德等(2003)在陕西长武的长期定位试验研究表明,雨养地区降雨的产量效应要大于肥料,尤其是休闲期降雨,在不考虑休闲期雨量时进行肥料投入的结果并不理想。Guo 等(2012)对长武连续 25 a 降雨分布和旱作小麦产量关系的研究表明,产量与休耕期降雨呈显著正相关($P<0.05$),与生长期降雨相关性不显著。Cao 等(2017)在渭北旱塬利用 52 个大田试验的研究表明,休闲期降雨与产量有显著的非线性正相关关系,并提出休闲期降雨预测产量的模型,模拟不同休闲期雨量的产量表现,以模拟产量计算所需施氮量。上述研究都是以休闲期降雨来确定施肥投入的很好探索,其思路都是探究休闲期降雨和产量的线性或非线性关系,通过预测产量计算需肥量。本研究分析了旱作麦区休闲期降雨的分布特征,利用休闲期降雨进行年型划分,利用不同氮素梯度大田试验探究不同休闲期降雨年型的适宜施氮量。试验结果表明,干旱年,施氮量 150 kg(N)·hm^{-2} 较 210 kg(N)·hm^{-2} 显著提高旱地小麦产量,增幅5.0%,降低氮肥投入60 kg·hm^{-2},降幅28.6%;正常年,施氮量 180 kg(N)·hm^{-2} 较 210 kg(N)·hm^{-2} 显著提高旱地小麦产量,达 5.5%,降低氮肥投入 30 kg·hm^{-2},降幅14.3%。

从产量构成因素看,干旱年,施氮量 150 kg(N)·hm^{-2} 较 210 kg(N)·hm^{-2} 显著增加穗数,达 7.6%,但穗粒数和千粒重差异不显著;正常年,施氮量 180 kg(N)·hm^{-2} 较 210 kg(N)·hm^{-2} 显著增加穗数,达 5.3%,但穗粒数和千粒重差异不显著。

对比相似研究,党建忠等(1991)在陕西长武的 8 a 试验结果表明,旱地小麦播前底墒<200 mm、200～250 mm 和≥300 mm,合理施氮范围分别为 83～105 kg(N)·hm^{-2}、98～120 kg(N)·hm^{-2} 和 105～135 kg(N)·hm^{-2},低于本研究的试验结果,不同试验地区的气候条件和土壤肥力差异可能导致各研究结果间出现差异。Guo 等(2012)同样在陕西长武进行 25 a 的定位试验,其结果表明,年雨量正常时(500～600 mm)和湿润时(≥600 mm)的合理施氮量分别为 135 kg·hm^{-2} 和 180 kg·hm^{-2},与本研究结果相近。本研究仅以山西闻喜为例,实际上不同地区的气候和环境差异对研究结果会产生较大影响,在黄土高原旱作麦区,依据休闲期雨量划分年型,可以根据各地区本地降雨数据进行调整,以适用于当地的生产实际。

4.3.2 依据休闲期降雨施氮对旱地小麦水分时空利用的影响

肥料和土壤水分的协同作用决定了小麦产量,土壤水分不足降低了土壤氮素对小麦生产的积极作用,而雨量或者灌水量过大会导致土壤氮素淋溶损失,也会对产量产生不利影响(Basso et al.,2012)。较高的土壤氮营养水平会加速植物生长,从而耗尽土壤的水分储备,小麦虽然可以产生较多的籽粒,但由于土壤缺水,籽粒可能不会饱满(Basso et al.,2012)。Fan 等(2012)研究表明,为了获得较高籽粒产量和作物水分生产效率,必须依据土壤墒情、降雨情况以及土壤有机质含量来调整氮肥投入。因此,科学施肥必须考虑水分的积累和利用情况。本研究结果表明,干旱年,休闲期雨量平均为 158.6 mm,土壤蓄水量增加了 88.0 mm,蓄水效率为 55.8%;正常年,休闲期雨量平均为 351.3 mm,土壤蓄水量增加了 217.7 mm,蓄水效率为 61.3%。这说明在旱作麦区休闲期降雨的 50%左右可以蓄积在土壤中,供下茬作物使用。本研究结果比 He 等(2016)和 Jia 等(2017)对旱地休闲期降雨利用效率(35.0%和 32.3%)的结论要高,其原因一方面是本研究在休闲期进行了深翻蓄水保墒,提高了蓄水效率;另一方面也与试验地气候和土壤类型差异有关。本研究结果显示,干旱年,施氮量 150 kg(N)·hm^{-2} 较 210 kg(N)·hm^{-2} 显著提高作物水分生产效率,达 6.1%;正常年,施氮量 180 kg(N)·hm^{-2} 较 210 kg(N)·hm^{-2} 显著提高作物水分生产效率,达 8.5%。这说明在不同降雨年型,采用适宜施氮量获得高产的原因之一是水分利用效率更高,与曹寒冰(2017)的研究结果相近。在本研究的 8 a 试验中,有 6 a 的休闲期降雨利用效率等于休闲期土壤蓄水效率,这说明蓄积在土壤中的休闲期雨量仅能满足后茬作物耗水需求的一部分。在干旱年,休闲期蓄积的土壤水分可以满足旱地小麦拔节期之前的水分消耗;而在正常年,休闲期蓄积的土壤水分可以满足旱地小麦开花期之前的水分消耗。这与郝明德等(2003)提出的休闲期降雨可以作用至拔节期的结论相似。本研究中,旱地小麦随生长发育逐渐向更深层利用土壤水分的结论,与 Sun 等(2018)对山西旱地麦田水分时空动态研究的结果一致。干旱年,施氮量 150 kg(N)·hm^{-2} 较 210 kg(N)·hm^{-2} 显著提高旱地小麦拔节—开花阶段 80～240 cm 土层土壤耗水量,达 36.6%,而拔节—开花阶段 80～

240 cm土壤耗水量与穗数显著正相关关系（$\alpha=1.7, R^2=0.45, P<0.001$）；正常年，施氮量 180 kg(N)·hm^{-2} 较 210 kg(N)·hm^{-2} 显著提高旱地小麦拔节—开花阶段 80～240 cm 土层土壤耗水量，达 22.7%，而拔节—开花阶段 80～240 cm 土壤耗水量与穗数呈显著正相关关系（$\alpha=2.9, R^2=0.47, P<0.001$）。这说明无论在干旱年还是正常年，适宜的施氮量均能显著提高旱地小麦拔节—开花阶段土壤耗水量、促进分蘖成穗、提高有效穗数，进而提高产量。

4.3.3　依据休闲期降雨施氮对旱地小麦生长特性的影响

作物生长发育和产量形成的过程，是作物与环境间的物质转化的过程，以及作物器官之间的物质积累和转化的过程，关键生育时期顺畅的物质积累转运是作物取得高产的本质原因（郝启飞 等，2011）。对于旱地小麦而言，容易缺水的时期就是限制旱地小麦产量的关键生育时期（郝明德 等，2003）。毛婧杰（2014）研究表明，各生育时期雨量对旱地小麦产量影响的优先顺序为：苗期＞拔节期＞其他生育时期，旱地小麦产量的主要限制因子是苗期和拔节期的雨量。因此，苗期和拔节期都是影响小麦穗数的关键时期（邓妍，2014）。旱地小麦茎蘖分化的关键生育时期是拔节期前后，其也是对成熟期穗数有重要影响的关键时期（McMaster et al.，2004；Wang et al.，2014）。Nielsen 等（2005）研究认为，无效分蘖会降低小麦的最佳有效群体数量，无效分蘖过多还会对小麦成穗数和粒重产生负面影响。大量研究都在关注延缓小麦拔节期分蘖两极分化进程的方法，群体的大小会影响小麦个体的生长发育环境以及资源和养分的竞争程度，进而影响小麦后期的分蘖成穗率，对产量及其构成因素具有较大的影响（Wang et al.，2014）。对于旱地小麦而言，拔节期没有灌溉和追肥条件，因此，只能由前期的氮肥（Ren et al.，2019）和耕作措施（Xue et al.，2019）调控旱地小麦的群体大小，间接影响拔节期麦田的土壤氮素与水分条件。本研究结果表明，干旱年，施氮量 150 kg(N)·hm^{-2} 较 210 kg(N)·hm^{-2} 显著提高旱地小麦分蘖成穗率，达 20.3%；正常年，施氮量 180 kg(N)·hm^{-2} 较 210 kg(N)·hm^{-2} 显著提高旱地小麦分蘖成穗率，达 6.6%。干旱年，施氮量 150 kg(N)·hm^{-2} 较 210 kg(N)·hm^{-2} 显著提高旱地小麦拔节—开花阶段干物质积累量，达 14.8%；正常年，施氮量 180 kg(N)·hm^{-2} 较 210 kg(N)·hm^{-2} 显著提高旱地小麦拔节—开花阶段干物质积累量，达 9.0%。相关分析表明，旱地小麦拔节—开花阶段干物质积累量与分蘖成穗率呈线性显著正相关（$\alpha=3.67, R^2=0.52, P<0.05; \alpha=0.92, R^2=0.47, P<0.05$）、与穗数呈线性显著正相关（$\alpha=31.4, R^2=0.62, P=0.025; \alpha=58.9, R^2=0.71, P<0.01$），而分蘖成穗率与产量呈线性显著正相关（$\alpha=0.014, R^2=0.48, P=0.02; \alpha=0.017, R^2=0.50, P=0.0149$）。总之，在干旱年和正常年，适宜施氮量能够显著提高旱地小麦拔节—开花阶段干物质积累量、显著提高分蘖成穗率，促进有效分蘖的形成，进而提高产量。

从源库关系看，源是产量形成的物质基础（刘万代，2016），分析旱地小麦干物质积累源库比与产量的关系,可以进一步明确其产量限制因子。本研究引入 Ciampitti 等(2012)提出的干物质积累源库比的计算公式:干物质积累源库比=开花期单位面积群体叶面积指数/单位面积籽粒数,其中,单位面积籽粒数=单位面积穗数×穗粒数。公式中的"源"为开花期单位面积群体叶面积指数,"库"为单位面积籽粒数。干物质积累源库比越大,说明单位数量籽粒能获得的叶面积越大(Ciampitti et al., 2012)。本研究结果表明,随着干物质积累源库比的逐渐增大,籽粒产量逐渐减少($\alpha=-11.1, R^2=0.50, P<0.05; \alpha=-17.4, R^2=0.65, P<0.01$)。这与很多水地小麦和大田灌溉玉米试验的结论是相反的(Ciampitti et al., 2012)。干物质积累源库比越小,产量越大,即在相同的叶面积条件下,"库"端的籽粒越多,产量越高,也就是说,限制旱地小麦籽粒产量的并不是叶面积("源"端的冠层光合能力是充足的),而是较小的"库"限制了旱地小麦产量,所以在旱地麦田有限的叶面积条件下,籽粒越多,产量越高(Ciampitti et al., 2012)。

4.3.4 依据休闲期降雨施氮对旱地小麦氮素积累转运的影响

小麦氮素积累主要发生在开花期前,大约占整个生育期氮素积累的60%以上,充足的氮素供应可以显著增加花前氮积累(刘万代,2016)。邓西平等(2003)研究表明,在充足氮素供应下,冬小麦花后氮素积累量降低,而花前积累的氮素向籽粒的转移量增加,花前氮素转运对籽粒氮的贡献率升高。曹寒冰(2017)研究表明,增施氮肥,成熟期植株氮素积累量增大,籽粒氮浓度和籽粒蛋白质产量提高。本研究中,干旱年,150 kg(N)·hm^{-2}较210 kg(N)·hm^{-2}显著提高氮肥利用效率和氮肥偏生产力,分别达36%和32%;正常年,施氮量180 kg(N)·hm^{-2}较210 kg(N)·hm^{-2}显著提高氮肥利用效率和氮肥偏生产力,分别达17%和15%。无论干旱年还是正常年,不同施氮量处理间的氮收获指数差异不显著,且花前植株氮素对籽粒氮的贡献率均达到60%以上,这与 Xue 等(2019)对旱地小麦花前植株氮素对籽粒氮的贡献率以及氮收获指数的结论相近,说明氮肥管理可能并不会显著影响作物自身的氮素转运效率(Wang et al., 2014),进一步提高籽粒氮浓度需要发挥品种的生物学潜力。

Ciampitti 等(2012)在对作物籽粒氮浓度与产量的关系研究中发现,籽粒氮浓度会随着籽粒产量增加逐渐降低,定义为"籽粒氮稀释效应"。本研究中,随着籽粒产量的增加,籽粒氮素浓度随之降低($\alpha=-0.75, R^2=0.53, P<0.01; \alpha=-0.51, R^2=0.66, P<0.01$)。这说明在旱地小麦生产中同样存在明显的籽粒氮稀释效应,籽粒灌浆与籽粒氮素积累并不同步,造成了明显的籽粒氮稀释效应,且从线性回归斜率来看,这种籽粒氮稀释效应会随着水分条件的下降而加剧。

4.3.5 依据休闲期降雨施氮对旱地小麦籽粒蛋白质含量的影响

氮是氨基酸和蛋白质的主要构成元素,因此,氮肥的投入量直接影响籽粒蛋白质含量(范雪梅 等,2004)。同时,籽粒蛋白质含量受到小麦植株对氮素吸收、转运、积累以及再转运过程的限制(柳伟伟,2021)。本研究结果表明,干旱年 150 kg(N)·hm^{-2} 较 210 kg(N)·hm^{-2} 显著降低旱地小麦籽粒蛋白质含量,达 0.5%;正常年,180 kg(N)·hm^{-2} 较 210 kg(N)·hm^{-2} 显著降低旱地小麦籽粒蛋白质含量,达 0.6%。这说明基于休闲期降雨的适宜施氮降低了旱地小麦籽粒蛋白质含量。

　　从源库角度分析籽粒氮素积累形成蛋白质的过程,氮素积累源库比=单位面积开花期植株地上部分氮素积累量/单位面积籽粒数,其中,单位面积籽粒数=单位面积穗数×穗粒数。开花期植株地上部分氮素积累量是籽粒氮素积累的"源"端,单位面积籽粒数就是"库"端,氮素积累源库比就是表征单位数量籽粒能获得的植株氮素供应量,氮素积累源库比越高,说明单位数量籽粒能获得的植株氮素的供应越多。随着氮素积累源库比增大,籽粒蛋白质的含量随之增大($\alpha=0.32,R^2=0.46,P<0.05;\alpha=0.18,R^2=0.42,P=0.012$)。这说明籽粒蛋白质含量低的限制因素在于"源",即开花期植株氮素积累量限制,进一步筛选和发掘旱地小麦品种的氮素利用潜力将是有效的方向之一。

4.4　小　　结

　　(1)根据休闲期降雨年型划分方法,将 2009—2010 年、2012—2013 年、2015—2016 年和 2016—2017 年划分为干旱年,将 2010—2011 年、2011—2012 年、2013—2014 年和 2014—2015 年划分为正常年。在干旱年,施氮量 150 kg(N)·hm^{-2} 较 210 kg(N)·hm^{-2} 减氮 28.6%,增产 5.0%;在正常年,施氮量 180 kg·hm^{-2} 较 210 kg(N)·hm^{-2} 减氮 14.3%,增产 5.5%。

　　(2)在干旱年,施氮量 150 kg(N)·hm^{-2} 较 210 kg(N)·hm^{-2} 拔节—开花阶段 80~240 cm 土层土壤耗水量显著高 36.6%,且拔节—开花阶段 80~240 cm 土壤耗水量与穗数呈显著正相关($\alpha=1.7,R^2=0.45,P<0.001$);在正常年,施氮量 180 kg(N)·hm^{-2} 较 210 kg(N)·hm^{-2} 拔节—开花阶段 80~240 cm 土层土壤耗水量显著高 22.7%,且拔节—开花阶段 80~240 cm 土壤耗水量与穗数呈显著正相关($\alpha=2.9,R^2=0.47,P<0.001$)。

　　(3)在干旱年,施氮量 150 kg(N)·hm^{-2} 较 210 kg(N)·hm^{-2} 旱地小麦分蘖成穗率提高 20.3%,拔节—开花阶段干物质积累量提高 14.8%,且拔节—开花阶段干物质积累量与分蘖成穗率呈线性显著正相关($\alpha=3.67,R^2=0.52,P<0.05$)、与穗数呈线性显著正相关($\alpha=31.4,R^2=0.62,P=0.025$),分蘖成穗率与产量呈线性显著正相关($\alpha=0.014,R^2=0.48,P=0.02$);在正常年,施氮量 180 kg(N)·hm^{-2} 较 210 kg(N)·hm^{-2} 旱地小麦分蘖成穗率提高 6.6%,拔节—开花阶段干物质积累量提高 9.0%,且拔节—开花阶段干物质积累量与分蘖成穗率呈线性显著正相关($\alpha=0.92,R^2=0.47,P<0.05$)、与穗数呈线性显著正相关($\alpha=58.9,R^2=0.71,P<0.01$),分蘖成穗率与产量呈线性显著正相关($\alpha=0.017,R^2=0.50,P=0.0149$)。

(4)在干旱年,施氮量 150 kg(N)·hm^{-2} 较 210 kg(N)·hm^{-2} 氮肥利用效率提升 36%、氮肥偏生产力提高 32%,籽粒蛋白质含量下降 0.5%;在正常年,施氮量 180 kg(N)·hm^{-2} 较 210 kg(N)·hm^{-2} 氮肥利用效率提升 17%、氮肥偏生产力提高 15%,籽粒蛋白质含量下降 0.6%。

第 5 章

基于休闲期降雨施氮对
不同旱地小麦品种氮素利用的影响

　　大量优良品种的成功培育和推广,是小麦产量不断增加、籽粒品质不断上升的基础(任婕 等,2020)。氮素是合成小麦蛋白质的物质基础,在一定范围内,随施氮量的增加,小麦籽粒蛋白质含量提高,但过量施氮或施氮不足会降低花前积累氮素向籽粒转运,影响籽粒蛋白质含量(孙敏 等,2014)。对于黄土高原农户而言,过度追求小麦籽粒的高产优质是导致旱地麦田过量施氮的主要原因之一(赵护兵 等,2016;曹寒冰,2017)。生产上,科学合理的肥料管理将大幅减少农户的过量投入,但减施氮肥可能会对旱地小麦籽粒蛋白质含量造成一定的影响(赵护兵 等,2016)。

　　老品种、地方品种、农户自留种以及野生近缘种等不同基因型小麦品种氮素吸收利用特性差异显著(Elmien et al. ,2017)。基因的遗传效应也对小麦的氮素吸收利用和籽粒的蛋白质含量有显著影响,小麦的主要品质性状在不同品种之间的差异也比较大(任婕 等,2020)。在相同施氮量条件下,气候环境对不同小麦品种的氮素吸收效率影响较小,但品种间的差异较大,称为基因型效应显著(Liu et al. ,2016)。孙传范等(2004)在南京和徐州的品种试验表明,氮收获指数在品种间的差异较小,其他氮素利用效率的指标受品种的影响较大,其中,氮吸收效率和氮利用效率受环境影响较小。张锡洲等(2014)的土培盆栽试验表明,氮高效利用品种在低氮条件下具有明显优势,能够通过减少不必要的氮素消耗满足植株氮素的利用。不同小麦品种氮素利用率在不同施氮量梯度下同样存在差异,王树亮(2008)研究表明,在高、低两种地力条件下,可将 30 个小麦品种根据氮素利用效率进行划分,氮效率处于同一水平的小麦品种达到高氮效率的途径也不尽相同。由于不同小麦品种对氮素的吸收利用存在差异,会造成整个生育期内植株需氮量的差异,因此,在适宜的施氮量下,根据不同品种氮素积累利用的特点,能够发挥品种最优的氮肥吸收利用效率,从而保持产量稳定并提高籽粒品质(Lucie et al. ,2016)。

　　黄土高原旱作麦区的品种一向是多而杂的,且已经多次换代,涌现出诸多高产优质品种(孙婴婴,2015)。因此,本研究在黄土高原东南部晋南地区,在山西农业大学小麦旱作栽培团队对 22 个旱地小麦品种筛选结果(葛晓敏,2014)的基础上,选择产量品质较好的 6 个旱地小麦品种,在依据休闲期降雨施氮的基础上,开展不同旱地小麦品种氮素利用、产量品质差异的比较研究,为旱作麦区高产优质高效品种的栽培与推广提供理论基础与技术支撑。

5.1　材料与方法

5.1.1　试验地基本概况

　　本试验于 2018—2020 年在山西农业大学闻喜旱地小麦试验示范基地进行。试验田为丘陵旱地,无灌溉条件,种植制度为夏季休闲制,即从前茬小麦收获至下茬小麦播种前为裸地。2018 年 6 月测定 0~20 cm 土层土壤肥力:有机质含量 9.9 g·

kg^{-1},全氮含量 0.69 g · kg^{-1},铵态氮含量 2.9 mg · kg^{-1},硝态氮含量 8.5 mg · kg^{-1},速效磷含量 17.1 mg · kg^{-1},速效钾含量 139.5 mg · kg^{-1}(表 5-1)。

表 5-1 2018—2019 年试验地 0~20 cm 土壤基础肥力

指标	pH 值	有机质含量 /(g·kg^{-1})	全氮含量 /(g·kg^{-1})	速效磷含量 /(mg·kg^{-1})	速效钾含量 /(mg·kg^{-1})	铵态氮含量 /(mg·kg^{-1})	硝态氮含量 /(mg·kg^{-1})
0~10 cm 土层	7.9	9.5	0.61	14.6	129.0	2.5	6.6
10~20 cm 土层	8.0	10.3	0.66	19.6	150.0	3.3	10.3
0~20 cm 土层	7.9	9.9	0.69	17.1	139.5	2.9	8.5

表 5-2 为试验田 2018—2020 年降雨情况,数据来源为中国气象局网站（http://www.cma.gov.cn/）。2018—2019 年休闲期雨量为 254.5 mm,按照休闲期降雨年型划分方法划分为正常年。2019—2020 年休闲期雨量为 288.9 mm,也划分为正常年。

表 5-2 2018—2020 年试验地雨量　　　　　　　　　单位:mm

年份(年型)	休闲期	播种—越冬	越冬—拔节	拔节—开花	开花—成熟	总计
2018—2019 年(正常年)	254.5	50.0	8.9	36.7	73.3	423.4
2019—2020 年(正常年)	288.9	109.6	43.9	5.1	71.4	518.9

5.1.2 试验设计

本试验于 2018—2020 年在山西运城闻喜试验基地进行。采用单因素随机区组设计,前茬小麦收获时留高茬 20~30 cm,7 月 15 日进行深翻,8 月底浅旋、平整土地,耙糖收墒,采用探墒沟播播种。设旱地小麦品种运旱 20410(YH20410)、运旱 618(YH618)、长 6359(C6359)、运旱 805(YH805)、洛旱 6 号(LH6)和晋麦 92 (JM92)共 6 个处理,主要推广信息见表 5-3。依据休闲期降雨年型划分方法,2018—2019 年和 2019—2020 年均为正常年,因此 2 a 均基施氮肥 180 kg(N) · hm^{-2}(设不施氮处理为对照),基施磷肥 30 kg(P$_2$O$_5$) · hm^{-2} 和钾肥 30 kg(K$_2$O) · hm^{-2},2018 年和 2019 年分别于 10 月 1 日和 10 月 3 日播种,播量均为 11 kg/亩[①],基本苗 225 万 hm^{-2},大田常规管理。

---

① 1 亩≈666.67 m^2,下同。

表 5-3　6 个旱地小麦品种背景信息

品种	父母本(父本/母本)	育成时间	适用地区	累积推广面积/万亩	育成单位
运旱 20410	晋麦 54/长 5613	2008 年	晋南、渭北地区旱地	3000～3500	山西农业大学棉花研究所
长 6359	82230-6/94-5383	2005 年	长治地区旱地	1500	山西农业大学谷子研究所
运旱 618	运旱 92-18/新春 9 号	2010 年	晋南、渭北地区旱地	>1000	山西农业大学棉花研究所
运旱 805	95 中 44/晋麦 54	2011 年	晋南、渭北地区旱地	—	山西农业大学棉花研究所
晋麦 92	临优 6148/晋麦 33	2014 年	临汾、运城地区旱地	1561	山西农业大学小麦研究所
洛旱 6 号	豫麦 49 号/山农 45	2006 年	河南和关中地区旱地	1100	洛阳市农业科学院

5.1.3　测定项目与方法

5.1.3.1　植株干物质积累量的测定

同第 4 章 4.1.3.3 节。

5.1.3.2　植株含氮率的测定

同第 4 章 4.1.3.5 节。

5.1.3.3　籽粒产量的测定

同第 4 章 4.1.3.4 节。

5.1.3.4　籽粒蛋白质及其组分含量的测定

同第 4 章 4.1.3.6 节。

5.1.3.5　群体光能利用效率、光能拦截率和比叶氮的测定

参照王月超(2019)的方法,测定群体光能利用效率(RUE)。计算光能拦截率(LI):首先在植株冠层底部土壤约 5 cm 处测定光合有效辐射强度(I_b),然后迅速测定植株冠层上方入射光合有效辐射强度(I_a),某一阶段平均 LI 为该阶段的起始和结束时两次测定的平均值。

$$LI(\%) = (I_a - I_b)/I_a \times 100\% \tag{5-1}$$

生育期内平均 $LI(\%) = \sum($某一阶段平均 $LI \times$ 该阶段光能入射量$)/$
全生育期内光能入射量 $\times 100\%$ (5-2)

参照 Ciampitti 等(2012)的方法,计算光能利用效率:

$$光能利用效率(g \cdot MJ^{-1}) = 生育阶段干物质积累量/$$
$$(生育阶段光能入射量 \times 生育期内平均 LI) \tag{5-3}$$

参照 Ciampitti 等(2012)的方法,进行比叶氮(SLN)的测量和计算。LAI 是叶面积指数,即绿叶面积和土地面积的比值。随后,测定叶片氮素积累量(LN)。

$$SLN(g(N) \cdot m^{-2}) = LN/LAI \tag{5-4}$$

5.1.4 数据分析方法

5.1.4.1 按氮素功能划分的氮积累概念与计算方法

(1)结构氮

结构氮被认为是构成植物基本结构、参与基础物质代谢的细胞遗传物质、细胞膜磷脂以及纤维素骨架等的必要氮素,此类氮素不会随着籽粒灌浆过程而转移到籽粒中(Pask et al.,2012)。目前,结构氮无法精确计算,只能估算:将植株种植于土壤氮残留较少的地块,不施氮肥,对能够完成生长周期并收获籽粒的植株进行各器官氮素积累测定,此时各器官氮素为结构氮。可进行田间定点重复试验,以找到最低的植株各器官含氮量,使得结构氮的计算结果相对更精确(Pask et al.,2012;Pask,2009)。

(2)光合氮、功能氮和贮存氮

光合氮被认为是植株参与光合作用的各个器官中,构成光受体叶绿素以及各类光合辅酶等的必要氮素,这类氮素除了参与光合作用,还会在灌浆期从各个光合器官转移至籽粒中。目前,光合氮无法精确计算,只能通过估算功能氮和结构氮,根据公式计算光合氮,即:功能氮=结构氮+光合氮。返青—开花阶段,旱地小麦叶面积以及叶片氮素积累量逐渐增大,群体光能利用效率也在逐渐增加,当群体光能利用效率达到最大时,叶片氮素积累量刚好为结构氮和光合氮的总和,即功能氮。随后,比叶氮增加,群体光能利用效率不再增加,此后增加的就是贮存氮,即:贮存氮=器官氮素积累量-功能氮。贮存氮是不直接参与植株的生理代谢,仅贮存于植株各器官中,当籽粒灌浆开始后,直接转运至籽粒中的氮素(Pask et al.,2012;Pask,2009)。

5.1.4.2 相关指标计算方法

同第 4 章 4.1.4 节。

5.1.4.3 统计分析与计算

采用 Excel 2018 进行数据处理和作图,采用 Sigmaplot 14.0 进行作图和数据分析,采用 SAS 9.0 和 SPSS 12.0 进行方差分析,差异显著性检验采用 LSD 法,检验的显著性水平为 $\alpha=0.05$。

5.2 结果与分析

5.2.1 不同旱地小麦品种产量及其构成因素和干物质积累差异

5.2.1.1 籽粒产量

2018—2019 年，旱地小麦产量以运旱 20410 显著最高，达 4.82 t·hm^{-2}。2019—2020 年，旱地小麦产量以运旱 20410 最高，达 4.95 t·hm^{-2}，与除运旱 618 外的其他品种差异显著。2 a 产量平均值以运旱 20410 最高，达 4.89 t·hm^{-2}，与除运旱 618 外的其他品种差异显著（表 5-4，图 5-1）。可见，运旱 20410 与运旱 618 籽粒产量比其他品种更高。

表 5-4 2018—2020 年不同旱地小麦品种籽粒产量及其构成因素、
成熟期干物质积累量和收获指数差异

年份	施氮处理	品种	产量/(t·hm^{-2})	穗数/万 hm^{-2}	穗粒数	千粒重/g	成熟期干物质积累量/(t·hm^{-2})	收获指数
2018—2019 年	N0	YH20410	3.32a	335.3a	36.3a	32.9b	7.89a	0.42a
		YH618	2.78c	317.2b	36.4a	28.8c	7.02c	0.40a
		C6359	2.42e	313.8b	33.1b	27.7d	6.53e	0.37b
		JM92	2.93b	324.1a	33.4b	32.4b	7.46b	0.39a
		YH805	2.57d	316.8b	33.3b	29.1c	6.77d	0.38ab
		LH6	2.91b	305.4c	33.1b	34.7a	7.30b	0.40a
		平均	2.82	318.8	34.3	30.9	7.16	0.39
	N180	YH20410	4.82a	399.0a	38.8b	38.1b	11.72a	0.41b
		YH618	4.72b	399.0a	39.8a	36.3c	11.30b	0.42a
		C6359	4.25d	397.3a	36.8c	35.3c	10.50c	0.40b
		JM92	4.66b	390.5b	37.4c	39.0ab	11.08b	0.42a
		YH805	4.13e	384.0d	37.2c	35.2b	10.17c	0.41b
		LH6	4.50c	368.0e	36.6c	41.1a	10.91b	0.41b
		平均	4.51	389.6	37.8	37.5	10.94	0.41

续表

年份	施氮处理	品种	产量/(t·hm⁻²)	穗数/万 hm⁻²	穗粒数	千粒重/g	成熟期干物质积累量/(t·hm⁻²)	收获指数
		YH20410	3.50a	354.1a	34.6a	34.3a	7.57a	0.46a
		YH618	2.63b	305.7d	30.2b	33.8a	6.39d	0.41b
		C6359	2.52c	306.1d	32.0b	31.0b	6.45c	0.39b
	N0	JM92	2.67b	337.2c	27.8c	33.9a	6.71bc	0.40b
		YH805	2.52c	343.9b	27.8c	31.1b	6.53c	0.39b
		LH6	2.72b	349.9ab	28.5c	33.1ab	6.96b	0.39b
		平均	2.76	332.8	30.1	32.9	6.77	0.41
2019—2020 年		YH20410	4.95a	409.5a	37.0a	39.7b	13.41a	0.37a
		YH618	4.91a	384.5c	35.0b	42.6a	12.82b	0.38a
		C6359	4.46b	390.0b	35.5bc	39.5b	12.50b	0.36a
	N180	JM92	4.24c	406.5ab	31.0c	40.8b	11.99c	0.35ab
		YH805	4.06e	416.9a	31.0c	37.7c	11.86d	0.34b
		LH6	4.12d	414.2a	31.5c	39.2b	11.73e	0.35ab
		平均	4.45	403.6	33.2	39.9	12.38	0.36
方差分析								
	品种		*	*	*	*	*	ns
	年份		*	*	*	*	*	*
	氮		*	*	*	*	*	ns
	品种×年份		*	ns	ns	ns	ns	ns
	年份 × 氮素		*	*	ns	*	ns	ns
	品种 × 氮素		*	*	*	ns	*	ns
	品种×年份×氮素		ns	ns	ns	ns	ns	ns

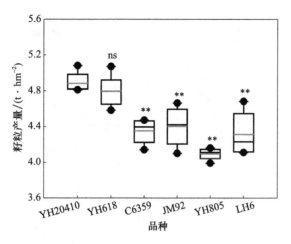

图 5-1　不同旱地小麦品种籽粒产量差异

（＊和＊＊代表某处理与 YH20410 在 P＜0.05 和 P＜0.01 水平差异显著,ns 代表差异不显著,下同）

5.2.1.2　产量构成因素

2 a 穗数平均值以运旱 20410 最高,达 404.3 万 hm^{-2},但与其他品种差异不显著 (图 5-2a)。2 a 穗粒数平均值以运旱 20410 最高,达 37.9,与除运旱 618 外的其他品 种差异显著(图 5-2b)。2 a 千粒重平均值以运旱 20410 最高,达 38.9 g,且显著高于 运旱 805 和洛旱 6 号,但与运旱 618、长 6359 和晋麦 92 差异不显著(图 5-2c)。可见, 运旱 20410 和运旱 618 较其他品种产量高的主要原因是穗粒数更高。

5.2.1.3　成熟期干物质积累量和收获指数差异

2 a 平均成熟期干物质积累量以运旱 20410 最高,为 12.6 t·hm^{-2},显著高于运 旱 805 和洛旱 6 号,但与运旱 618、长 6359 和晋麦 92 差异不显著(图 5-3a)。2 a 平均 收获指数以运旱 618 最高,达 0.40,但与其他品种差异不显著(图 5-3b)。可见,运旱 20410 和运旱 618 较高的产量源于较高的成熟期干物质积累量。

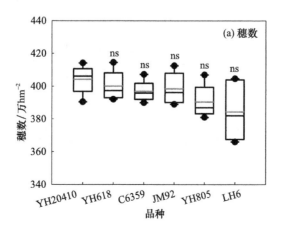

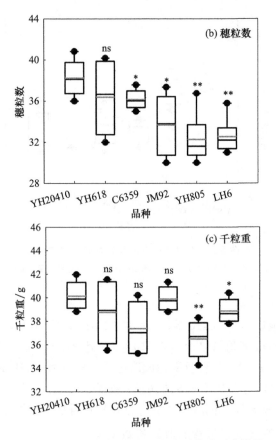

图 5-2　不同旱地小麦品种籽粒产量构成因素差异

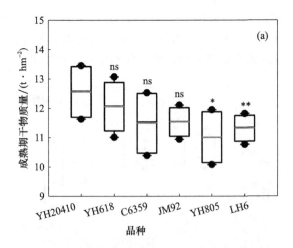

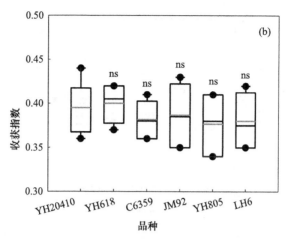

图 5-3　不同旱地小麦品种成熟期干物质积累量(a)

和收获指数(b)差异

5.2.2　不同旱地小麦品种籽粒蛋白质含量和植株氮素积累差异

5.2.2.1　籽粒蛋白质含量和籽粒氮浓度

2018—2019 年,籽粒蛋白质含量以长 6359 显著最高,达 15.9%,晋麦 92 次之,为 15.6%,运旱 805、洛旱 6 号、运旱 618 和运旱 20410 较低,其中,运旱 20410 为 14.2%;2019—2020 年,籽粒蛋白质含量以洛旱 6 号最高,达 15.4%,与除运旱 618 和运旱 805 外的其他品种差异显著。2 a 平均籽粒蛋白质含量以运旱 618 最高,为 15.2%,与除晋麦 92、运旱 805 和洛旱 6 号外的其他品种差异显著(图 5-4a,表 5-5)。可见,运旱 618 的籽粒蛋白质含量最高。

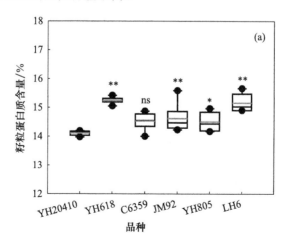

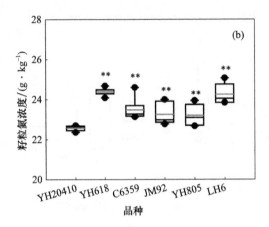

图 5-4 不同旱地小麦品种籽粒蛋白质含量(a)和籽粒氮浓度(b)差异

2018—2019 年,籽粒氮浓度以长 6359 显著最高,达 25.4 g·kg⁻¹;2019—2020 年,籽粒氮浓度以洛旱 6 号显著最高(运旱 618 除外),达 24.7 g·kg⁻¹。2 a 平均籽粒氮浓度以运旱 618 最高,为 24.4 g·kg⁻¹,且与运旱 20410 差异显著,但与晋麦 92、长 6359、运旱 805 和洛旱 6 号差异不显著(图 5-4b,表 5-5)。

表 5-5　2018—2020 年不同旱地小麦品种开花期、成熟期植株氮素积累量
以及籽粒氮素积累和籽粒蛋白质含量差异

年份	施氮处理	品种	开花期植株氮素积累量/(kg·hm⁻²)	成熟期植株氮素积累量/(kg·hm⁻²)	籽粒氮素积累量/(kg·hm⁻²)	籽粒氮浓度/(g·kg⁻¹)	籽粒蛋白质含量/%	氮收获指数
2018—2019 年	N0	YH20410	38.8a	70.9a	62.1a	18.7d	11.7d	0.88a
		YH618	34.8b	65.7b	57.5c	20.7b	12.9b	0.88a
		C6359	29.2d	59.8c	52.3d	21.6a	13.5a	0.88a
		JM92	34.3b	69.3a	60.7b	20.7b	12.9b	0.88a
		YH805	31.3d	59.4c	50.5d	19.7c	12.3c	0.85b
		LH6	33.4c	62.3bc	52.9d	18.2d	11.4d	0.85b
		平均	33.6	64.6	56.0	19.9	12.5	0.87
	N180	YH20410	111.3a	159.0b	109.2b	22.7d	14.2c	0.69b
		YH618	107.3b	158.8b	115.2a	24.4b	15.2b	0.73a
		C6359	104.7c	152.8c	107.9b	25.4a	15.9a	0.71ab
		JM92	103.5c	163.3a	116.2a	24.9b	15.6a	0.71ab
		YH805	92.7d	136.8d	93.7c	22.7d	14.2c	0.69b
		LH6	109.9a	152.3c	107.3b	23.8c	14.9b	0.7ab
		平均	104.9	153.8	108.3	24.0	15.0	0.70

年份	施氮处理	品种	开花期植株氮素积累量/(kg · hm⁻²)	成熟期植株氮素积累量/(kg · hm⁻²)	籽粒氮素积累量/(kg · hm⁻²)	籽粒氮浓度/(g · kg⁻¹)	籽粒蛋白质含量/%	氮收获指数
2019—2020 年	N0	YH20410	37.6a	80.2a	69.2a	19.8b	12.3b	0.86a
		YH618	32.3b	63.8b	54.7b	20.8a	13.0a	0.86a
		C6359	30.6d	61.8d	50.0c	19.8b	12.4b	0.81c
		JM92	31.6c	63.5c	50.8c	19.1b	11.9c	0.80c
		YH805	32.6b	63.9c	52.1b	20.7a	12.9a	0.82b
		LH6	32.4b	63.5c	52.0b	19.1b	11.9c	0.82b
		平均	32.9	66.1	54.8	19.9	12.4	0.83
	N180	YH20410	165.0a	188.8a	111.2b	22.5c	14.0c	0.59b
		YH618	164.4a	187.9a	118.6a	24.4a	15.2a	0.63a
		C6359	160.8b	175.7b	103.5c	23.2b	14.5b	0.59b
		JM92	159.5b	169.1c	97.1d	22.9c	14.3b	0.57c
		YH805	160.1b	168.8c	96.2d	23.7b	14.8ab	0.57c
		LH6	153.9c	172.5b	101.6cd	24.7a	15.4a	0.59b
		平均	160.6	177.1	104.7	23.6	14.7	0.60
方差分析								
	品种		*	*	*	*	*	ns
	年份		*	*	*	*	*	*
	氮素		*	*	*	*	*	ns
	品种×年份		*	*	*	ns	ns	ns
	年份 × 氮素		*	*	*	*	ns	ns
	品种 × 氮素		*	*	*	ns	*	ns
	品种×年份×氮素		ns	ns	ns	ns	ns	ns

5.2.2.2 各生育时期植株氮素积累量和氮收获指数

2 a平均开花期植株氮素积累量以运旱 20410 最高,达 138.2 kg·hm^{-2},但与其他品种差异不显著;2 a平均成熟期植株氮素积累量以运旱 20410 最高,达 173.9 kg·hm^{-2},但与其他品种差异不显著(图 5-5a 和图 5-5b)。2 a平均籽粒氮素积累量以运旱 618 显著最高,达 116.9 kg·hm^{-2}(图 5-5c)。2 a平均氮收获指数以运旱 618 显著最高,达 0.68(图 5-5d)。可见,运旱 618 植株氮素向籽粒转运的比例更高。

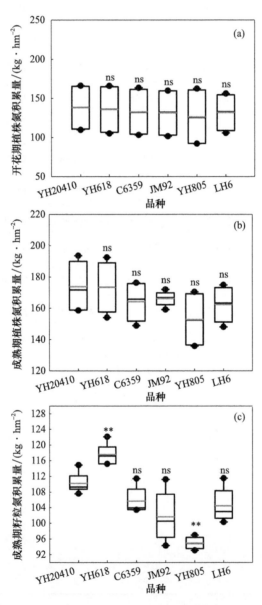

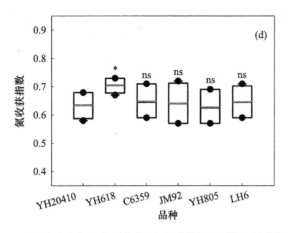

图 5-5 不同旱地小麦品种开花期(a)和成熟期(b)植株氮素积累量、
成熟期籽粒氮素积累量(c)和氮收获指数(d)差异

5.2.3 不同旱地小麦品种氮效率和花前/花后氮素转运差异

5.2.3.1 氮肥利用效率、吸收效率和生理效率

2018—2019 年,旱地小麦氮肥利用效率以运旱 618 显著最高,达 10.81 kg(N)·kg⁻¹;氮肥吸收效率以运旱 618 最高,达 0.52 kg(N)·kg⁻¹,且显著高于运旱 20410 和运旱 805;氮肥生理效率以运旱 618 显著最高(运旱 805 除外),达 20.87 kg(N)·kg⁻¹。氮肥偏生产力以运旱 20410 最高,达 26.77 kg(N)·kg⁻¹,且显著高于长 6359、运旱805、晋麦 92 和洛旱 6 号(表 5-6)。

表 5-6 2018—2020 年不同旱地小麦品种氮肥利用效率差异

单位:kg(N)·kg⁻¹

年份	品种	氮肥利用效率	氮肥吸收效率	氮肥生理效率	氮肥偏生产力
	YH20410	8.34e	0.49b	17.05e	26.77a
	YH618	10.81a	0.52a	20.87a	26.24a
	C6359	10.16b	0.52a	19.67c	23.59c
2018—2019 年	JM92	9.61b	0.52a	18.41d	25.89b
	YH805	8.66d	0.43c	20.14ab	22.92c
	LH6	8.82c	0.50ab	17.65e	25.00bc
	平均	9.40	0.50	19.23	25.07

续表

年份	品种	氮肥利用效率	氮肥吸收效率	氮肥生理效率	氮肥偏生产力
	YH20410	8.02d	0.60c	13.29e	27.49a
	YH618	12.44a	0.69a	18.06a	27.05b
	C6359	10.74b	0.63b	16.98b	24.76c
2019—2020 年	JM92	8.75c	0.59c	14.92c	23.57d
	YH805	8.55c	0.58c	14.67d	22.58e
	LH6	7.78d	0.61c	12.84f	22.89e
	平均	9.38	0.62	15.13	24.72
方差分析					
品种		*	*	*	*
年份		*	*	*	*
品种×年份		*	*	*	ns

2019—2020 年，氮肥利用效率以运旱 618 显著最高，达 12.44 kg(N)·kg^{-1}；氮肥吸收效率以运旱 618 显著最高，达 0.69 kg(N)·kg^{-1}；氮肥生理效率以运旱 618 显著最高，达 18.06 kg(N)·kg^{-1}。氮肥偏生产力以运旱 20410 显著最高，达 27.49 kg(N)·kg^{-1}（表 5-6）。

5.2.3.2 植株氮素积累转运

2018—2019 年，花后植株氮素转运量以运旱 618 显著最高，达 65.65 kg(N)·hm^{-2}。2019—2020 年，花后植株氮素转运量以运旱 618 显著最高，达 95.18 kg(N)·hm^{-2}（表 5-7）。2 a 平均花后植株氮素转运率以运旱 618 显著最高，达 58.61%；2 a 平均花后植株氮素吸收量以运旱 20410 显著最高，达 25.18 kg(N)·hm^{-2}（表 5-7）。可见，运旱 618 花后较高的氮素转运量和氮素转运率，是其较高籽粒蛋白质含量的主要原因。

表 5-7　2018—2020 年不同旱地小麦种植株花后氮素吸收转运差异

年份	品种	花后氮素吸收量 /(kg(N)·hm⁻²)	不同部位花后氮素转运量/(kg(N)·hm⁻²)				不同部位花后氮素转运率 / %			
			叶片	茎秆+叶鞘	穗轴+颖壳	全株	叶片	茎秆+叶鞘	穗轴+颖壳	全株
2018—2019 年	YH20410	24.88b	26.18a	20.51d	14.82a	61.52b	55.39a	51.58e	61.19b	55.29c
	YH618	29.35a	23.93b	27.94b	13.78b	65.65a	50.60b	68.07a	62.93a	59.32a
	C6359	18.85d	22.55c	24.77b	12.48c	59.81c	48.88c	64.51b	61.88a	57.11b
	JM92	29.67a	20.85d	22.70c	12.90d	56.45d	45.42d	61.21c	62.80c	54.52c
	YH805	23.21b	20.50d	18.92e	10.19d	49.61e	50.26d	55.55d	57.14d	53.53c
	LH6	20.15c	20.74d	33.27a	10.93d	64.94a	44.93d	74.36	57.51c	59.09
	平均	24.35	22.46	24.70	12.52	59.67	49.25	62.55	60.58	56.48
2019—2020 年	YH20410	25.47a	40.38b	28.78c	18.31a	87.47b	56.22b	47.04c	57.21a	53.01b
	YH618	9.84b	42.68a	38.68a	13.82b	95.18a	58.05a	60.53a	51.19b	57.89a
	C6359	10.89b	39.17b	36.58b	12.84b	88.60b	54.79b	57.89b	49.28b	55.12b
	JM92	5.56c	37.88c	37.42b	12.26b	87.55b	52.75c	59.86b	48.67b	54.89b
	YH805	4.81c	38.53b	38.91a	9.99c	87.44b	53.50c	60.14a	42.82c	54.63b
	LH6	14.76b	36.41c	37.17b	9.37c	82.94b	54.49b	57.57b	41.65c	53.91b
	平均	11.89	39.17a	36.26a	12.77	88.21	54.97	57.17	48.47	54.91
平均	YH20410	25.18a	33.28b	24.65d	16.57a	74.50b	55.81a	49.31d	59.20a	54.15c
	YH618	19.60b	33.31b	32.31b	13.80b	80.42a	54.33a	64.30a	57.06b	58.61a
	C6359	14.87c	30.86c	30.68b	12.66c	74.21b	51.84b	61.20b	55.58b	56.12b
	JM92	17.62b	29.37c	30.06b	12.58c	72.00c	49.09b	60.54b	55.74c	54.71c
	YH805	14.01c	29.52c	28.92c	10.09d	68.53d	51.88b	57.85c	49.98d	54.08c
	LH6	17.46b	28.58c	35.22a	10.15d	73.94c	49.71b	65.97a	49.58d	56.50b
	平均	18.12	30.82	30.47	12.64	73.93	52.11	59.86	54.52	55.69
方差分析										
品种		*	*	*	*	*	*	*	*	*
年份		*	*	*	*	*	*	*	*	*
品种×年份		ns	ns	ns	ns	ns	*	ns	ns	*

5.2.4　不同旱地小麦品种结构氮、功能氮、光合氮和贮存氮差异

5.2.4.1　结构氮

不施氮处理时旱地小麦开花期穗部平均含氮率表现为:2018—2019 年较 2019—2020 年更低,为 0.50%;开花期叶片和茎秆+叶鞘平均含氮率 2019—2020 年较 2018—2019 年均更低,分别为 0.63% 和 0.66%(表 5-8)。

表 5-8　2018—2020 年不施氮处理各旱地小麦品种开花期各器官含氮率差异

年份	品种	开花期各器官含氮率/%		
		叶片	茎秆+叶鞘	穗部
2018—2019 年	YH20410	0.71b	0.91a	0.48ab
	YH618	0.75a	0.91a	0.55b
	C6359	0.76a	0.85b	0.49a
	JM92	0.73ab	0.85b	0.51a
	YH805	0.68b	0.86b	0.49a
	LH6	0.75a	0.89ab	0.49a
	平均	0.73	0.88	0.50
2019—2020 年	YH20410	0.65ab	0.69ab	0.54ab
	YH618	0.67a	0.72a	0.60a
	C6359	0.63b	0.61b	0.52b
	JM92	0.61b	0.64b	0.53ab
	YH805	0.65ab	0.72a	0.56ab
	LH6	0.62b	0.61b	0.51b
	平均	0.63	0.66	0.54
方差分析				
品种		*	*	*
年份		*	*	*
品种×年份		ns	ns	ns

2018—2019 年,开花期整株结构氮以运旱 20410 显著最高,达 45.17 kg(N)·hm^{-2},以运旱 805 显著最低,为 38.13 kg(N)·hm^{-2}。2019—2020 年,开花期整株结构氮以运旱 20410 最高,达 61.67 kg(N)·hm^{-2},与除长 6359 和运旱 618 外的其他品种差异显著。2 a 平均开花期整株结构氮以运旱 20410 显著最高,达 53.42 kg(N)·hm^{-2}(表 5-9)。可见,运旱 20410 具有较高的植株结构氮。

5.2.4.2 功能氮和光合氮

随比叶氮增加,旱地小麦光能利用效率呈线性+平台趋势,当比叶氮增大到 1.55 g(N)·m^{-2} 时,光能利用效率达到最大,为 2.17 g·MJ^{-1},随后维持不变(图 5-6)。可见,旱地小麦开花期的比叶氮为 1.55 g(N)·m^{-2} 时,旱地小麦光能利用效率和光合能力达到最大,此时,植株积累的氮素为功能氮,之后积累的氮素均为贮存氮。

当比叶氮为 1.55 g(N)·m^{-2} 时,对应的叶片氮素积累量分别为 40.21 kg(N)·hm^{-2}(2018—2019 年)和 51.26 kg(N)·hm^{-2}(2019—2020 年)。根据叶片氮素积累量与茎秆+叶鞘、穗部氮素积累量线性关系,当比叶氮为 1.55 g(N)·m^{-2} 时,对应的茎秆+叶鞘氮素积累量分别 26.20 kg(N)·hm^{-2}(2018—2019 年)和 49.38 kg(N)·hm^{-2}(2019—2020 年),对应的穗部氮素积累量分别 9.94 kg(N)·hm^{-2}(2018—2019 年)和 10.58 kg(N)·hm^{-2}(2019—2020 年)(图 5-7)。此时,各器官氮素积累即为功能氮(表 5-9)。

2018—2019 年,开花期植株光合氮以运旱 805 显著最高,达 38.25 kg(N)·hm^{-2},运旱 20410 光合氮最低,为 31.21 kg(N)·hm^{-2};运旱 618、晋麦 92、长 6359 和洛旱 6 号的光合氮差异不显著,为 34.63~36.37 kg(N)·hm^{-2}。2019—2020 年,植株光合氮以运旱 805 最高,达 54.46 kg(N)·hm^{-2},与除洛旱 6 号外的其他品种差异显著。2 a 平均植株光合氮以运旱 805 显著最高,达 46.36 kg(N)·hm^{-2};运旱 618 光合氮显著高于运旱 20410,达 43.33 kg(N)·hm^{-2}(表 5-9)。可见,运旱 805 的植株光合氮最高,运旱 618 植株光合氮较运旱 20410 更高。

5.2.4.3 贮存氮

2018—2019 年,开花期植株贮存氮以洛旱 6 号最高,达 35.03 kg(N)·hm^{-2},与除运旱 20410 外的其他品种差异显著。2019—2020 年,植株贮存氮以运旱 20410 最高,达 53.79 kg(N)·hm^{-2},与除运旱 618 外的其他品种差异显著。2 a 平均植株贮存氮以运旱 20410 最高,达 44.34 kg(N)·hm^{-2},与除运旱 618 外的其他品种差异显著(表 5-9)。可见,运旱 20410 和运旱 618 植株贮存氮较其他品种更高。

表5-9 2018—2020年不同旱地小麦品种结构氮、光合氮和贮存氮差异

单位:kg(N)·hm⁻²

年份	品种	不同部位结构氮				不同部位光合氮				不同部位贮存氮			
		叶片	茎秆+叶鞘	穗部	全株	叶片	茎秆+叶鞘	穗部	全株	叶片	茎秆+叶鞘	穗部	全株
2018—2019年	YH20410	20.68a	16.09a	8.41a	45.17a	19.53d	10.14c	1.54d	31.21c	7.06c	13.54b	14.28a	34.89a
	YH618	19.45a	14.88c	7.42c	41.75b	20.76b	11.35b	2.52c	34.63b	7.08b	11.89d	11.95b	30.92b
	C6359	18.76b	14.89c	7.17c	40.82b	21.45b	11.34b	2.77b	35.56b	5.94c	12.18c	10.23c	28.35c
	JM92	18.61b	14.29cd	7.11b	40.01b	21.60b	11.94a	2.83b	36.37b	5.71c	10.85e	10.60d	27.16d
	YH805	17.71c	14.11d	6.32c	38.13c	22.51a	12.12a	3.62a	38.25a	5.58d	13.33b	7.89d	26.79e
	LH6	18.64b	15.77b	6.53c	40.94b	21.57b	10.46c	3.41a	35.44b	7.45a	18.52a	9.06cd	35.03a
	平均	18.97	15.01	7.16	41.14	21.24	11.22	2.78	35.24	6.47	13.38	10.67	30.52
2019—2020年	YH20410	29.21a	22.71b	9.75a	61.67a	22.05c	26.67b	0.83d	49.55c	20.57b	11.79d	21.43a	53.79a
	YH618	28.61b	21.88c	8.71b	59.19a	22.65b	27.51a	1.87c	52.03b	22.26a	14.52b	16.42b	53.21a
	C6359	29.04a	23.06a	8.78b	60.89a	22.22b	26.32b	1.81c	50.33c	20.23b	13.82c	15.48b	49.53b
	JM92	28.27b	21.69c	8.51b	58.47b	22.99b	27.69a	2.07b	52.75b	20.55b	13.13c	14.61b	48.28b
	YH805	27.43c	21.87c	7.47c	56.76d	23.83a	27.51a	3.11a	54.46a	20.77b	15.32a	12.76d	48.85b
	LH6	26.95d	22.86a	7.28c	57.08c	24.31a	26.52b	3.31a	54.14a	15.55c	15.19a	11.91c	42.64c
	平均	28.25	22.34	8.41	59.01	23.01	27.04	2.17	52.21	19.99	13.96	15.43	49.38
平均	YH20410	24.95a	19.40a	9.08a	53.42a	20.79d	18.41c	1.19d	40.38c	13.82b	12.67d	17.86a	44.34a
	YH618	24.03b	18.38c	8.07c	50.47b	21.71c	19.43a	2.20b	43.33b	14.67a	13.21c	14.19b	42.07a
	C6359	23.90b	18.98b	7.98b	50.86b	21.84c	18.83b	2.29a	42.95bc	13.09c	13.00c	12.86c	38.94b
	JM92	23.44c	17.99c	7.81c	49.24b	22.30b	19.82a	2.45b	44.56b	13.13c	11.99e	12.61c	37.72c
	YH805	22.57d	17.99c	6.90d	47.45d	23.17a	19.82a	3.37a	46.36a	13.18c	14.33b	10.33d	37.82c
	LH6	22.80d	19.32a	6.91c	49.01c	22.94a	18.49c	3.36a	44.79b	11.50d	16.86a	10.49d	38.84b
	平均	23.61	18.68	7.79	50.07	22.12	19.13	2.47	43.73	13.23	13.67	13.05	39.95
方差分析													
品种		*	*	*	*	*	*	*	*	*	*	*	*
年份		*	*	*	*	*	*	*	*	*	*	*	*
品种×年份		ns	ns	ns	ns	ns	ns	ns	ns	*	ns	ns	*

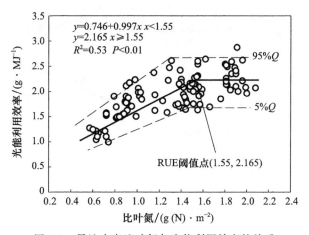

图 5-6　旱地小麦比叶氮与光能利用效率的关系

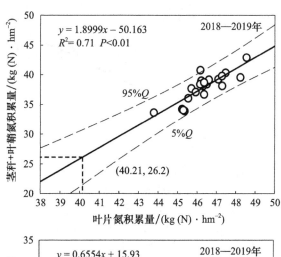

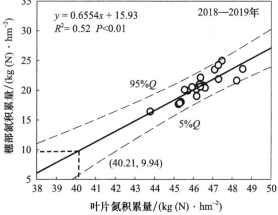

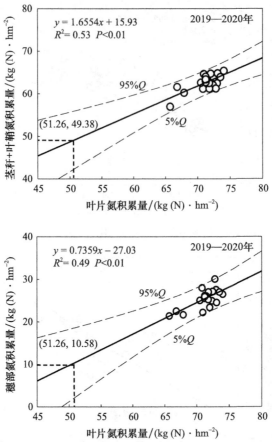

图 5-7　旱地小麦叶片氮素积累量与茎秆＋叶鞘、穗部氮素积累量的关系

（图中虚线交点表示当比叶氮达到阈值 1.55 g(N)·m⁻²时，开花期叶片氮素积累量对应的开花期茎秆＋叶鞘氮素积累量以及开花期穗部氮素积累量）

5.2.4.4　光合氮和贮存氮转运量

2018—2019 年，旱地小麦不同品种各器官贮存氮均全部转运，光合氮部分转运，其中，运旱 618 叶片、茎秆＋叶鞘和穗部的光合氮分别转运 22.76 kg(N)·hm⁻²、11.35 kg(N)·hm⁻²和 3.83 kg(N)·hm⁻²，高于运旱 20410(19.53 kg(N)·hm⁻²、6.97 kg(N)·hm⁻²和 0.54 kg(N)·hm⁻²)。2019—2020 年，所有品种叶片和茎秆＋叶鞘贮存氮均全部转运，光合氮部分转运，其中，运旱 618 叶片和茎秆＋叶鞘光合氮分别转运 22.42 kg(N)·hm⁻²和 24.16 kg(N)·hm⁻²，高于运旱 20410(19.81 kg(N)·hm⁻²和 16.98 kg(N)·hm⁻²)，但各品种穗部贮存氮均有剩余，运旱 20410 剩余最多，达 6.12 kg(N)·hm⁻²（表 5-10）。可见，运旱 618 植株中光合氮向籽粒的转运量更多。

表 5-10 2018—2020 年不同旱地小麦品种光合氮和贮存氮转运量差异　　　　单位:kg(N)·hm⁻²

年份	品种	不同部位光合氮转运量						不同部位贮存氮转运量					
		残余部分			转运部分			残余部分			转运部分		
		叶片	茎秆+叶鞘	穗部	叶片	茎秆+叶鞘	穗部	叶片	茎秆+叶鞘	穗部	叶片	茎秆+叶鞘	穗部
2018—2019年	YH20410	3.17	7.59	1.00	19.53	6.97	0.54	0.00	0.00	0.00	7.06	13.54	14.28
	YH618	0.00	3.91	0.70	22.76	11.35	3.83	0.00	0.00	0.00	9.08	13.89	16.95
	C6359	0.00	4.83	0.52	21.45	11.34	2.25	0.00	0.00	0.00	5.94	12.18	10.23
	JM92	0.09	6.45	0.54	21.60	11.85	2.30	0.00	0.00	0.00	5.71	10.85	10.60
	YH805	6.53	0.41	1.32	22.51	5.59	2.30	0.00	0.00	0.00	5.58	13.33	7.89
	LH6	0.00	8.28	1.55	21.57	10.46	1.87	0.00	0.00	0.00	7.45	18.52	9.06
	平均	1.63	5.24	0.94	21.24	9.59	1.85	0.00	0.00	0.00	6.47	13.38	10.67
2019—2020年	YH20410	4.24	9.68	2.83	19.81	16.98	0.00	0.00	0.00	6.12	20.57	11.79	18.31
	YH618	2.23	3.35	1.87	22.42	24.16	0.00	0.00	0.00	2.60	22.26	14.52	13.82
	C6359	3.27	3.55	1.80	18.94	22.77	0.00	0.00	0.00	2.64	20.23	13.82	12.84
	JM92	5.66	3.39	2.07	17.33	24.29	0.00	0.00	0.00	2.35	20.55	13.13	12.26
	YH805	6.07	3.92	3.11	17.77	23.59	0.00	0.00	0.00	2.77	20.77	15.32	9.99
	LH6	3.45	4.54	3.30	20.86	21.99	0.00	0.00	0.00	2.54	15.55	15.19	9.37
	平均	3.82	4.74	2.17	19.19	22.30	0.00	0.00	0.00	2.67	19.99	13.96	12.77
平均	YH20410	3.71	8.64	1.92	19.67	11.98	0.27	0.00	0.00	3.06	13.82	12.67	12.77
	YH618	1.12	3.63	1.29	22.59	17.76	1.92	0.00	0.00	1.30	15.67	14.21	16.30
	C6359	1.64	4.19	1.16	20.20	17.06	1.13	0.00	0.00	1.32	13.09	13.00	15.39
	JM92	2.88	4.92	1.31	19.47	18.07	1.15	0.00	0.00	1.18	13.13	11.99	11.54
	YH805	6.30	2.16	2.22	20.14	14.59	1.15	0.00	0.00	1.39	13.18	14.33	11.43
	LH6	1.73	6.41	2.43	21.22	16.23	0.94	0.00	0.00	1.27	11.50	16.86	8.94
	平均	2.89	4.99	1.72	20.55	15.95	1.09	0.00	0.00	1.59	13.40	13.84	9.22
方差分析													
品种		*	*	*	*	*	*	0.00	0.00	*	*	*	*
年份		*	*	*	*	*	*	0.00	0.00	*	*	*	*
品种×年份		ns	ns	ns	ns	ns	ns	0.00	0.00	*	ns	ns	ns

5.2.4.5 光合氮和贮存氮转运比例

2018—2019 年,运旱 618 较运旱 20410 显著提高旱地小麦开花期植株光合氮,达 9.5%;提高植株光合氮向籽粒转运率,达 19.0%。2019—2020 年,运旱 618 较运旱 20410 提高开花期植株光合氮,达 3.3%;提高光合氮转运率,达 20.0%。可见,运旱 618 光合氮转运率(87.5%)高于运旱 20410(69.5%)(图 5-8)。

2018—2019 年,运旱 618 较运旱 20410 提高植株贮存氮,达 5.0 kg(N)·hm^{-2},且二者贮存氮转运率均为 100%。2019—2020 年,运旱 618 较运旱 20410 降低植株贮存氮,达到 4.2 kg(N)·hm^{-2};但运旱 618 的贮存氮转运率为 95%,高于运旱 20410(89%)。可见,运旱 618 贮存氮转运率(97.5%)高于运旱 20410(94.5%)(图 5-8)。

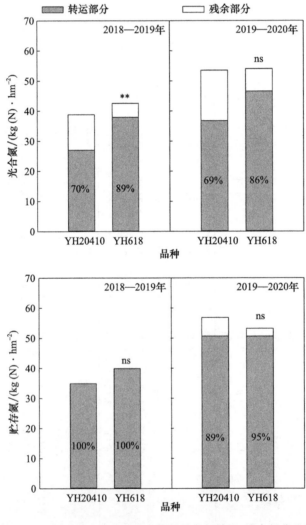

图 5-8 不同旱地小麦品种光合氮与贮存氮转运、残余部分差异

5.3　讨　论

5.3.1　不同旱地小麦品种产量差异

在全世界范围内,小麦的籽粒产量已得到了显著提升(Basso et al.,2012;Bind-raban et al.,1998),中国的情况也不例外(Cao et al.,2017;Deng et al.,2010)。在促进小麦籽粒产量提升的各方面手段中,最重要的就是对小麦品种进行逐步的鉴选和改良(何中虎 等,2018)。黄土高原旱作麦区小麦品种多而杂,且已经多次换代,许多高产优质品种被成功选育和推广(孙婴婴,2015)。基于前期对22个主栽旱地小麦品种的筛选结果(葛晓敏,2014),选择运旱20410、运旱618、运旱805、晋麦92、长6359和洛旱6号共6个旱地小麦品种,在基于休闲期降雨施氮的基础上,比较不同旱地小麦品种的氮素吸收利用、产量品质形成的差异及其机理,旨在选择适宜该施氮方法的旱地小麦品种,为旱地小麦高产优质提供理论依据。本研究结果表明,2018—2019年,旱地小麦产量表现为以运旱20410显著最高,达4.82 t·hm^{-2},运旱618产量次之,达到4.72 t·hm^{-2}。2019—2020年,旱地小麦产量表现为以运旱20410最高,达4.95 t·hm^{-2},与运旱618产量差异不显著,但显著高于其他品种。2 a产量平均值以运旱20410和运旱618较高,二者差异不显著,但均显著高于其他品种。有研究表明,小麦花后籽粒灌浆能力对于千粒重的形成以及产量有着更为直接的影响(Basso et al.,2012),但与小麦品种千粒重相比,单位面积籽粒数的稳定性与可遗传性更高(Sadras et al.,2006),因此,小麦籽粒产量与单位面积总籽粒数关系更为紧密,而并非千粒重(Elmien et al.,2017)。本研究结果表明,运旱20410产量与运旱618差异不显著,但均显著高于长6359、晋麦92、洛旱6号和运旱805。运旱20410穗粒数(37.9)与运旱618(37.4)差异不显著,但均显著高于其他4个品种。本研究中,高产品种运旱20410和运旱618均具有更高的单位面积总籽粒数。

5.3.2　不同旱地小麦品种籽粒蛋白质含量差异

蛋白质含量是小麦籽粒最为重要的营养品质性状,而且籽粒蛋白质含量与其加工品质密切相关(孙敏 等,2014)。蛋白质含量一般用来评价小麦籽粒和面粉品质,蛋白质含量高,小麦就具有比较好的面包烘焙品质(刘慧,2016)。根据我国有关强、中、弱筋小麦蛋白质含量的定义标准(《专用小麦品种品质》(GB/T 17320—1998)、《优质小麦 强筋小麦》(GB/T 17892—1999)、《优质小麦 弱筋小麦》(GB/T 17893—1999)),蛋白质含量≥14%、≥13%、<13%分别定义为强、中、弱筋小麦,而优质强筋和优质弱筋的定义标准分别为≥15%和≤11.5%(刘慧,2016)。本研究结果表明,运旱20410籽粒蛋白质含量为14.1%,显著低于运旱618(15.2%)、晋麦92(14.6%)、运旱805(14.6%)和洛旱6号(15.1%)。运旱618籽粒蛋白质含量可以

达到优质强筋的标准,且产量表现与高产品种运旱 20410 差异不显著。

5.3.3 不同旱地小麦品种氮素积累转运与氮效率差异

多年以来,以产量和籽粒品质为目标的品种改良,实际上也间接改良了作物植株的养分动态积累和转运(Wang et al.,2014)。土壤与作物间存在养分平衡,长期的品种改良间接改变了这种平衡的稳态值,使得改良品种可以长期稳定地表现某一优势(Li et al.,2011)。对于旱地小麦而言,能够在相对减氮条件下获得更高的籽粒蛋白质含量,就是这种改良趋势的体现(Wang et al.,2014)。本研究结果表明,运旱 618 氮肥利用效率、氮肥吸收效率和氮肥生理效率较运旱 20410 显著更高,分别达到 11.63 kg(N)・kg^{-1}、0.61 kg(N)・kg^{-1} 和 19.5 kg(N)・kg^{-1};运旱 618 花后植株氮素转运量较运旱 20410 显著更高,达到 79.42 kg(N)・hm^{-2}。运旱 618 花后氮素转运率为 58.61%,显著高于运旱 20410(54.15%)。

5.3.4 不同旱地小麦品种结构氮、光合氮和贮存氮差异

即便是优良的小麦品种,其对氮肥的获取比例也是有限的,冬小麦一般为 50%~60%(Bloom et al.,1988;Barraclough et al.,2010)。大量的氮素会流失到环境中,这对农户来说是相当大的成本流失,并且会对环境造成影响。土壤中的氮素极易淋溶(Russell,2010),或者被土壤细菌以硝酸盐进行反硝化,或以铵态氮进行硝化作用并以 N_2O 排放(Barraclough et al.,2010)。考虑到氮对作物生长发育的重要性,氮可以说是作物所需的最具限制性和重要性的养分(Russell,2010)。因此,培育高氮利用率的小麦品种越来越受到重视(Hirel et al.,2007;Pask,2009)。增加花前氮素供应,主要是通过增加作物的冠层绿叶面积(Hirel et al.,2007),而不是通过增加光合速率,进而提高光能截获量和干物质量(Pask,2009)。作物根系吸收的硝酸盐和铵盐,一部分参与合成光合蛋白(主要是 Rubisco(1,5—二磷酸核酮糖羧化酶/加氧酶));另一部分参与合成维管系统中的结构蛋白组织(Wang et al.,2014)。因此,参与合成光合组织的氮素可以在功能概念上被认为是"光合氮",而参与合成维管结构蛋白组织的氮素可以在功能概念上被认为是"结构氮",而没有分配给上述途径的其他氮素都可以被认为是"贮存氮"(Pask,2009;Lemaire et al.,1997)。

研究表明,高氮供应下冬小麦的氮素积累量明显超过估计的"结构氮"和"光合氮"之和(Justes et al.,1994)。高氮供应下,冬小麦地上部分氮素积累量高达 5.1 g(N)・m^{-2},比临界氮素浓度高 60%以上,这说明贮存氮在植株中的占比很高(Pask et al.,2012)。因此,量化分析"结构氮""光合氮"和"贮存氮",对于明确小麦植株氮素积累和转运有重要意义。本研究结果表明,运旱 20410 较其他旱地小麦品种具有更高的结构氮,平均为 53.42 kg(N)・hm^{-2},运旱 618 结构氮为 50.47 kg(N)・hm^{-2},这说明运旱 20410 的结构氮较其他品种更高。

小麦的氮素营养状况与其冠层绿叶面积的大小及其光能利用效率之间存在密

切关系(Pask,2009)。本研究结果表明,随着比叶氮的增加,旱地小麦光能利用效率呈线性＋平台趋势,当比叶氮增大到 1.55 g(N)·m^{-2}时,光能利用效率达到平台值 2.17 g·MJ^{-1}。这说明旱地小麦品种群体氮素逐渐积累,光能利用效率持续增加,当比叶氮达 1.55 g(N)·m^{-2}时,小麦光能利用效率达到最大值,但植株的氮素积累还在继续,之后积累的氮素则为贮存氮。这与 Pask 等(2012)对英国和欧洲南部春小麦的研究结果(2.00 g(N)·m^{-2})相比,低了 0.45 g(N)·m^{-2},可能是由于旱地水分限制,导致旱地小麦冠层氮素积累的上限更低。从 2 a 平均结果看,运旱 618 较运旱 20410 光合氮显著更高,达 43.33 kg(N)·hm^{-2},但贮存氮差异不显著,为 42～44 kg(N)·hm^{-2},同时,运旱 618 结构氮更少,为籽粒获得更高的蛋白质积累提供了条件。

5.3.5　不同旱地小麦品种光合氮与贮存氮的转运比例差异

研究表明,小麦过早地进行光合氮素转运,会造成冠层叶片提早衰老和籽粒减产(Guitman et al.,1991;Martre et al.,2003)。另有研究表明,叶片氮素的转运由遗传基因控制,氮素转运直接受到叶片衰老相关基因的调节(Masclaux et al.,2001)。因此,明确"光合氮"的转运时机和转运比例意义重大(Pask,2009)。但小麦各器官向籽粒转运氮素的过程在生理上是极其复杂的,田间尺度的研究并没有办法确定光合氮和贮存氮开始转运的先后顺序,甚至其有可能是同步进行的,但是可以计算光合氮和贮存氮的转运比例(Pask,2009)。本研究结果表明,所有旱地小麦品种贮存氮均不能满足作物的氮素转运需求,光合氮进行了转运,运旱 618 光合氮转运率平均为 87.5%,显著高于运旱 20410(69.5%);运旱 618 贮存氮转运率平均为 97.5%,高于运旱 20410(94.5%)。这说明,运旱 20410 光合氮素和贮存氮素转运率相对低,而运旱 618 则将光合氮和贮存氮更积极地向籽粒中转运,从而获得更高的籽粒蛋白质含量。

5.4　小　结

旱地小麦不同品种产量以运旱 20410 最高,达 4.84 t·hm^{-2},与除运旱 618 外的其他品种间差异显著;而籽粒蛋白质含量以运旱 618 最高,达 15.2%。植株结构氮以运旱 20410 最高,达 53.42 kg(N)·hm^{-2};贮存氮以运旱 20410 最高,达 44.34 kg(N)·hm^{-2},与运旱 618 差异不显著;光合氮以运旱 618 最高,达 43.33 kg(N)·hm^{-2};光合氮和贮存氮转运率以运旱 618 最高,分别为 87.5% 和 97.5%。可见,运旱 20410 和运旱 618 产量较高,且运旱 618 的氮素转运效率和籽粒蛋白质含量较高,其原因是运旱 618 器官中有更少的结构氮,以及更多光合氮向籽粒转运。

第 6 章

基于休闲期降雨施氮对旱地小麦
经济效益及土壤环境的影响

有 30%～50% 的作物产量增加是由于施用氮肥所造成的（Erisman et al.，2008）。但研究发现，在全球多种生态系统中，氮素施入环境的量远超作物的实际需求（Ju et al.，2011；Galloway et al.，2008）。滥用氮肥产生的环境问题日益严重，如土壤的氮素淋溶损失、水体富营养化或质量下降、二氧化氮等温室气体大量排放和环境中生物多样性严重失衡（Zhou et al.，2013；Galloway et al.，2008）。在日益增长的全球人口数量和粮食需求的压力下，尽可能降低氮肥对环境的负面影响，且保证粮食产量稳步提升，是肥料管理研究的主要方向。

较好的农田氮素营养情况，既能保证作物产量持续提高，又能保障生态环境的安全平衡（Ju et al.，2011）。不同环境之间的氮素循环是个相当复杂的过程，国内外大量研究提出的指导氮肥管理的技术已较多，如对施肥时间、施肥位置和施肥数量进行优化，其目标是满足作物高产所需的养分需求，并降低氮素的淋溶和损失（Chen et al.，2014；Ju et al.，2011）。在干旱、半干旱以及半湿润地区，由于超量施氮而导致的土壤氮素大量累积，使得 0～4 m 土壤的硝态氮残留超过了 453 kg(N)·hm^{-2}，其中，有 70% 的氮素累积处于土壤剖面 1 m 以下，实际上，过深的土壤氮素积累将使得小麦的根系难以吸收，导致氮肥的利用率下降（Zhou et al.，2016）。有研究认为，氮素的淋洗是旱地土壤氮素营养损失的首要因素，包括氨挥发和氧化亚氮排放等通过土壤释放进入大气是土壤氮素营养损失的次要因素，而且氨气的挥发和大气雾-霾有着十分密切的关系，氧化亚氮又是造成温室效应的气体之一，因此，降低农田土壤氮素残留、降低农田气体排放是当前的研究热点之一（Cui et al.，2013）。调整肥料施入时间、数量、深度、品种，以及调整轮作模式、秸秆还田和添加生物质活性炭等措施，均可以有效地减少农田氮素残留和温室气体排放，其中，调整氮肥施入的数量是最关键因素（Cao et al.，2017）。

因此，在黄土高原东南部山西晋南地区研究基于休闲期降雨年型划分后，不同降雨年型和施氮量对旱地小麦经济效益和土壤环境的影响，为旱地小麦高效绿色安全生产提供理论依据。

6.1　材料与方法

6.1.1　研究区概况

同 4.1.1 节。

6.1.2　试验设计

同 4.1.2 节

6.1.3 测定项目与方法

6.1.3.1 土壤硝态氮和铵态氮含量的测定

参照 Xue 等(2019)的方法,将收获期 0～100 cm 土层新鲜土样,按每 20 cm 为一个样品,充分混匀后过 2 mm 筛,称取 5.0000 g 新鲜土样于 150 mL 的三角瓶中,加入 0.01 mol·L⁻¹ CaCl₂ 溶液 50 mL 浸提,振荡 30 min 后过滤,吸取滤液,利用全自动离子分析仪测定土壤硝态氮和铵态氮含量。

6.1.3.2 产量的测定

同 4.1.3.4 节。

6.1.4 计算指标

经济效益:主要计算基于休闲期降雨施肥后所涉及的氮、磷、钾肥投入和籽粒产量的变化,以及旱地小麦品种更换所产生的经济效益。其中,氮肥价格为 4.7 元·kg⁻¹,籽粒价格为 2.2 元·kg⁻¹,运旱 20410 和运旱 618 种子价格分别为 4.8 元·kg⁻¹ 和 5.0 元·kg⁻¹(2019—2020 年调研数据)。

收获期 1 m 土壤氮素残留量:参照贺丽燕(2020)的土壤硝态氮测定方法,于 2009—2017 年,在山西闻喜大田对各处理 0～100 cm 土壤硝态氮进行测定。

直接氧化亚氮排放量:本研究并未直接测定土壤直接氧化亚氮的排放量,而是参照 Cui 等(2013)已发表的施氮量与土壤氧化亚氮排放量的指数关系模型,并结合曹寒冰(2017)在旱地麦田计算直接氧化亚氮排放量的参数调整方法,将 2009—2020 年山西闻喜田间试验施氮量与产量数据,用于本研究中土壤氧化亚氮排放量的计算。即:

$$\text{土壤氧化亚氮排放量}(kg(N)\cdot hm^{-2}) = 0.33e^{0.0054X}\times YR/Y \tag{6-1}$$

式中:X 表示施氮量;YR 表示目标产量,以产量分级中高产标准(≥4235 kg·hm⁻²)为目标产量;Y 表示实际产量。

氨挥发量:本研究并未直接测定土壤氨挥发量,而是参照 Cui 等(2013)已发表的施氮量与土壤氨挥发量的指数关系模型,并结合曹寒冰(2017)在旱地麦田计算土壤氨挥发量的参数调整方法,将 2009—2020 年山西闻喜田间试验施氮量与产量数据,用于本研究中土壤氨挥发量的计算。即:

$$\text{土壤氨挥发量}(kg(N)\cdot hm^{-2}) = (0.17X-4.95)\times YR/Y \tag{6-2}$$

式中:X 表示施氮量;YR 表示目标产量,以产量分级中高产标准(≥4235 kg·hm⁻²)为目标产量;Y 表示实际产量。

6.1.5 数据统计

采用 Microsoft Office 2018 对研究数据进行整理,采用 Statistics 12.0 进行方差

分析和数据回归,采用 Sigmaplot 14.0 进行作图和数据回归。

6.2　结果与分析

6.2.1　基于休闲期降雨施氮的经济效益分析

干旱年,施氮量 150 kg(N)·hm^{-2} 较 210 kg(N)·hm^{-2},氮肥节本(节约成本)282 元·hm^{-2},品种增加成本 33 元·hm^{-2}(品种由运旱 20410 改为运旱 618),总节本 249 元·hm^{-2},增收 478.28 元·hm^{-2},最终增加净收益为 727.28 元·hm^{-2};正常年,施氮量 180 kg(N)·hm^{-2} 较 210 kg(N)·hm^{-2},氮肥节本 141 元·hm^{-2},品种增加成本 33 元·hm^{-2}(品种由运旱 20410 改为运旱 618),总节本 108 元·hm^{-2},增收 621.28 元·hm^{-2},最终增加净收益 729.28 元·hm^{-2}(表 6-1)。

6.2.2　基于休闲期降雨施氮对土壤硝态氮及土壤氮排放的影响

6.2.2.1　收获期 0～100 cm 土壤硝态氮含量

随施氮量的增加,旱地小麦收获期 0～100 cm 土壤硝态氮含量增加(图 6-1)。干旱年,施氮量 150 kg(N)·hm^{-2} 较 210 kg(N)·hm^{-2} 显著降低收获期 0～100 cm 土壤硝态氮含量,达 40.3%;正常年,施氮量 180 kg(N)·hm^{-2} 较 210 kg(N)·hm^{-2} 显著降低收获期 0～100 cm 土壤硝态氮含量,达 33.0%。可见,干旱年施氮 150 kg(N)·hm^{-2}、正常年施氮 180 kg(N)·hm^{-2},能够有效减少旱地麦田土壤硝态氮残留,有利于土壤环境可持续发展。

6.2.2.2　直接氧化亚氮挥发量

干旱年,施氮量 150 kg(N)·hm^{-2} 较 210 kg(N)·hm^{-2} 显著降低土壤直接氧化亚氮排放量,达 55.9%;正常年,施氮量 180 kg(N)·hm^{-2} 较 210 kg(N)·hm^{-2} 显著降低土壤直接氧化亚氮排放量,达 52.1%(图 6-2)。可见,干旱年施氮 150 kg(N)·hm^{-2}、正常年施氮 180 kg(N)·hm^{-2},能够有效减少旱地麦田土壤直接氧化亚氮排放,有利于土壤环境可持续发展。

表6-1 干旱和正常年不同施氮量旱地小麦经济效益评价

指标		投入成本						产量收入			净收益/(元·hm⁻²)
		施氮量/(kg(N)·hm⁻²)	氮肥单价/(元·kg⁻¹)	氮肥费用/(元·hm⁻²)	用种量/(kg·hm⁻²)	种子价格/(元·kg⁻¹)	种子费用/(元·hm⁻²)	成本/(元·hm⁻²)	平均产量/(kg·hm⁻²)	籽粒单价/(元·kg⁻¹)	收入/(元·hm⁻²)	
干旱年	N150	150	4.7	705	165	5.0	825	1530	4587.5	2.2	10092	—
	N210	210	4.7	987	165	4.8	792	1779	4370.1	2.2	9614	—
	节本/增益	—	—	282	—	—	—	249	—	—	478	727.28
正常年	N180	180	4.7	846	165	5.0	825	1671	5727.5	2.2	12600	—
	N210	210	4.7	987	165	4.8	792	1779	5445.1	2.2	11979	—
	节本/增益	—	—	141	—	—	—	108	—	—	621	729.28

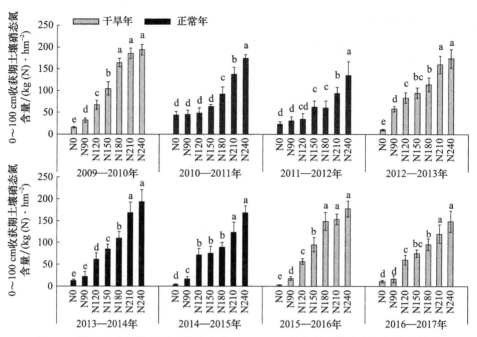

图 6-1　降雨年型和施氮量对旱地小麦 0～100 cm 收获期土壤硝态氮含量的影响

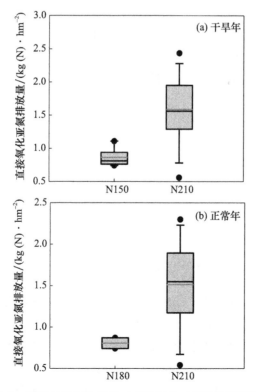

图 6-2　降雨年型和施氮量对直接氧化亚氮排放量的影响

6.2.2.3 氨挥发量

干旱年,施氮量150 kg(N)·hm⁻²较210 kg(N)·hm⁻²显著降低土壤氨挥发量,达44.5%;正常年,施氮量180 kg(N)·hm⁻²较210 kg(N)·hm⁻²显著降低土壤氨挥发量,达33.4%(图6-3)。可见,干旱年施氮150 kg(N)·hm⁻²、正常年施氮180 kg(N)·hm⁻²,能够有效减少旱地麦田土壤氨挥发量,有利于土壤环境可持续发展。

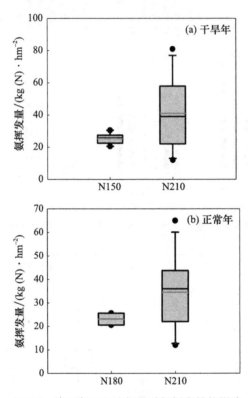

图 6-3 降雨年型和施氮量对氨挥发量的影响

6.3 讨   论

6.3.1 基于休闲期降雨施氮的经济效益分析

曹寒冰(2017)针对渭北旱源旱地,提出依据目标产量的推荐施氮方法,计算经济效益后得出推荐氮肥可以节本374元·hm⁻²,并减少35%氮素投入。黄明(2017)计算了渭北旱地膜侧推荐施肥的经济性,较农户增收1400元·hm⁻²,增收19%。本研究结果表明,干旱年,施氮量150 kg(N)·hm⁻²较210 kg(N)·hm⁻²节本249元·hm⁻²,增收478.28元·hm⁻²,净收益增加727.28元·hm⁻²;正常年,施氮量180 kg(N)·hm⁻²

较 210 kg(N)·hm^{-2}节本 108 元·hm^{-2},增收 621.28 元·hm^{-2},净收益增加 729.28 元·hm^{-2}。鉴于黄土高原旱作麦区生产条件和区域经济发展的差异,各研究结果差异比较大,但仅从经济性角度考虑,基于休闲期降雨施氮每公顷可增加净收益 700 元以上。

6.3.2　基于休闲期降雨施氮对土壤氮残留及环境影响

在黄土高原旱作麦区,冬小麦在完成收获后,土壤中的氮素会以硝酸盐的形态向深层积累,且硝酸盐亲水,土壤氮素容易受到降雨影响向下层淋洗(Li et al.,2009)。旱作区休闲期降雨存在较大不确定性,且占全雨量的比例大,土壤氮素出现淋洗现象是不可避免的,因此,科学合理的降低农户的氮肥投入,是有效减少旱作麦田中土壤氮素向深层累积以及淋溶的主要方法之一(Cao et al.,2017)。同时,氧化亚氮和氨挥发气体排放也是黄土高原旱作麦田氮素损失的另一个主要途径。研究发现,地球大气层的大气氧化亚氮浓度并不高,但是其上升并处于对流层后,开始停留并且积累,其百年尺度单位分子热辐射效应是二氧化碳的 298 倍,是大气层中主要的温室气体之一(Flato et al.,2013)。经研究计算,84%的氧化亚氮排放源自农业与牧业生产活动,而且地球上氧化亚氮的最大单体排放来源是农业耕地土壤,每年的排放量为 0.11~6.3 Tg(N)·a^{-1},排放的主要因素就是各类化肥,尤其是氮肥施用。农业和牧业生产引起的氨挥发,是地球大气中主要的氨来源,然而,氨气对于空气质量以及大气的影响是不容忽视的(Behera et al.,2010;Heald et al.,2012)。大量研究表明,降低氮肥的投入可以显著减少农田土壤向大气的氧化亚氮和氨气排放(王秀斌 等,2009;Sun et al.,2018;Cui et al.,2013)。本研究结果显示,干旱年,施氮量 150 kg(N)·hm^{-2}较 210 kg(N)·hm^{-2}的收获期 0~100 cm 土壤硝态氮含量下降 40.3%,土壤直接氧化亚氮排放量平均减少 55.9%,土壤氨挥发量平均减少 44.5%;正常年,施氮量 180 kg(N)·hm^{-2}较 210 kg(N)·hm^{-2}的收获期 0~100 cm 土壤硝态氮含量下降 33.0%,土壤直接氧化亚氮排放量平均减少 52.1%,土壤氨挥发量平均减少 33.4%。

可见,基于休闲期降雨施氮可显著减少土壤硝态氮残留,减少土壤直接氧化亚氮和氨挥发,有利于旱地麦田的土壤环境可持续发展。

6.4　小　结

(1)干旱年,施氮量 150 kg(N)·hm^{-2}较 210 kg(N)·hm^{-2}氮肥节本 282 元·hm^{-2},品种增加成本 33 元·hm^{-2}(品种由运旱 20410 改为运旱 618),总节本 249 元·hm^{-2},增收 478.28 元·hm^{-2},最终增加净收益为 727.28 元·hm^{-2}。正常年,施氮量 180 kg(N)·hm^{-2}较 210 kg(N)·hm^{-2}氮肥节本 141 元·hm^{-2},品种增加成本 33 元·hm^{-2}(品种由运旱 20410 改为运旱 618),总节本 108 元·hm^{-2},增收 621.28 元·

hm^{-2},最终增加净收益为 729.28 元·hm^{-2}。

（2）干旱年,施氮量 150 kg(N)·hm^{-2}较 210 kg(N)·hm^{-2}显著降低收获期 0～100 cm 土壤硝态氮含量 40.3%、土壤直接氧化亚氮排放量 55.9%、土壤氨挥发量 44.5%;正常年,施氮量 180 kg(N)·hm^{-2}较 210 kg(N)·hm^{-2}显著降低收获期 0～100 cm 土壤硝态氮含量 33.0%、土壤直接氧化亚氮排放量 52.1%、土壤氨挥发量 33.4%。

参考文献

曹寒冰,2017.基于降雨和产量的黄土高原旱地小麦施肥调控[D].西安:西北农林科技大学.

曹华,王晓,陈清善,2016.甘肃酒泉近 50 年气候生产潜力变化分析[J].安徽农学通报,22(1): 89-91.

陈兵,李军,李小芳,2006.黄土高原南部旱塬地苜蓿水分生产潜力模拟研究[J].干旱地区农业研究,24(3):31-35.

陈国良,徐学选,1995.黄土高原地区的雨水利用技术与发展——窑窖节水农业是缺水山区高效农业的出路[J].水土保持通报(5):6-9.

陈伟,孙建好,赵建华,2013.甘肃省小麦施肥现状分析与评价[J].干旱地区农业研究,31:23-27.

陈新平,周金池,王兴仁,2000.小麦-玉米轮作制中氮肥效应模型的选择-经济和环境效益分析[J].土壤学报,37:346-354.

程宪国,汪德水,张美荣,等,1996.不同土壤水分条件对冬小麦生长及养分吸收的影响[J].中国农业科学,29(4):71-74.

程玉红,苌收伟,2010.我国北方旱地小麦生产中的问题研究[J].河北农业科学,14(1):22-24.

池宝亮,2010.山西旱地农业发展的水问题分析[J].山西农业科学,38(1):31-34.

戴健,2016.旱地冬小麦产量、养分利用及土壤硝态氮对长期施用氮磷肥和降雨的响应[D].西安:西北农林科技大学.

戴庆林,杨文耀,1995.阴山丘陵旱农区水肥效应与耦合模式的研究[J].干旱地区农业研究(1): 20-24.

党建忠,杨步余,高世平,等,1991.渭北旱原小麦量水配方施肥技术研究[J].干旱地区农业研究 (1):9-16.

党延辉,2005.黄土区旱地深层硝酸盐累积机理生物有效性与环境效应[D].西安:西北农林科技大学.

邓西平,山仑,稻永忍,等,2003.密度、施肥对旱地春小麦产量、水分利用效率和籽粒养分含量的补偿效应[J].西北植物学报(11):1860-1869.

邓妍,2014.旱地小麦周年蓄水保墒技术肥料运筹与群体构建研究[D].晋中:山西农业大学.

狄美良,2002.西北地区水资源可持续利用的探讨[J].节水灌溉,14(3):39-41.

段文学,于振文,张永丽,等,2012.施氮量对旱地小麦氮素吸收转运和土壤硝态氮含量的影响[J].中国农业科学,45(15):3040-3048.

樊军,郝明德,2003.旱地农田土壤剖面硝态氮累积的原因初探[J].农业环境科学学报,22(3): 263-266.

范雪梅,戴廷波,姜东,等,2004.花后干旱与渍水下氮素供应对小麦碳氮运转的影响[J].水土保持学报(6):63-67.

房世波,韩国军,张新时,等,2011.气候变化对农业生产的影响及其适应[J].气象科技进展,1(2):

15-19.

冯洋,2014.水稻不同产量水平适宜施氮量与主推品种氮效率筛选评价的研究[D].武汉:华中农业大学.

付秋萍,2013.黄土高原冬小麦水氮高效利用及优化耦合研究[D].咸阳:中国科学院教育部水土保持与生态环境研究中心.

高雪玲,张建平,吕明杰,等,2007.长安灌区小麦氮磷钾肥效试验研究[J].陕西农业科学(1):22-49.

葛晓敏,2014.基于"三提前"技术不同品种小麦水分利用及产量、品质形成的差异研究[D].晋中:山西农业大学.

古巧珍,杨学云,孙本华,等,2004.长期定位施肥对小麦籽粒产量及品质的影响[J].麦类作物学报,24(3):76-79.

关军锋,李广敏,2002.干旱条件下施肥效应及其作用机理[J].中国生态农业学报,10(1):59-61.

郭小芹,刘春明,2011.河西走廊近40年气候生产潜力特征研究[J].中国沙漠,31(5):1323-1329.

郝明德,来璐,王改玲,等,2003.黄土高原塬区旱地长期施肥对小麦产量的影响[J].应用生态学报,14:1893-1896.

郝启飞,陈炜,邓西平,2011.不同栽培模式对长武塬区冬小麦干物质积累转运的影响[J].水土保持研究,18(3):121-125.

何刚,2016.夏闲期不同地表覆盖对旱地冬小麦产量及水肥利用的影响[D].西安:西北农林科技大学.

何中虎,庄巧生,程顺和,等,2018.中国小麦产业发展与科技进步[J].农学学报,8(1):99-106.

贺丽燕,2020.不同耕作方式下土壤有机碳组分变化、酶活性及微生物群落结构研究[D].西安:西北农林科技大学.

侯现良,孙敏,王帅,等,2015.2014年闻喜县旱地小麦肥料管理调查分析[J].山西农业科学,43(8):959-961,967.

侯彦林,陈守伦,2004.施肥模型研究综述[J].土壤通报,35:493-501.

胡昌录,2020.水氮及群体调控对秸秆覆盖冬小麦产量及水分利用效率的影响与机制[D].西安:西北农林科技大学.

胡雨彤,2017.长期定位施肥条件下旱地小麦"产量差"影响因子评估[D].咸阳:中国科学院教育部水土保持与生态环境研究中心.

胡雨彤,郝明德,付威,等,2017.不同降雨年型和施磷水平对小麦产量的效应[J].中国农业科学,50:299-309.

黄明,2017.基于收获期土壤测试和施肥位置优化的旱地小麦减肥增效研究[D].西安:西北农林科技大学.

霍常富,孙海龙,范志强,2007.根系氮吸收过程及其主要调节因子[J].应用生态学报,18(6):1356-1364.

贾良良,陈新平,张福锁,等,2001.北京市冬小麦氮肥适宜用量评价方法的研究[J].中国农业大学学报(6):67-73.

金继运,李家康,李书田,2006.化肥与粮食安全[J].植物营养与肥料学报,12:601-609.

巨晓棠,张福锁,2003.中国北方土壤硝态氮的累积及其对环境的影响[J].生态环境,12(1):24-28.

巨晓棠,2015.理论施氮量的改进及验证-兼论确定作物氮肥推荐量的方法[J].土壤学报,52：249-261.

李凤民,刘小兰,王俊,2001.底墒与磷肥互作对春小麦产量形成的影响[J].生态学报,21(11)：1941-1946.

李华,2012.旱地地表覆盖栽培的冬小麦产量形成和养分利用[D].西安:西北农林科技大学.

李家康,林葆,梁国庆,等,2001.对我国化肥使用前景的剖析[J].磷肥与复肥(2):1-5.

李开元,李玉山,1995.黄土高原南部农田水量供需平衡与作物水肥产量效应[J].土壤通报,26(3):105-107.

李茹,单燕,李水利,等,2015.陕西麦田土壤肥力与施肥现状评估[J].麦类作物学报,35:105-110.

李生秀,贺海香,高亚军,等,1993.旱地与灌区不同氮肥用量的效果[J].干旱地区农业研究,11：50-55.

李世清,李生秀,2000.旱地农田生态系统氮肥利用率的评价[J].中国农业科学,33(1):76-81.

李世清,王瑞军,李紫燕,等,2004.半干旱半湿润农田生态系统不可忽视的土壤氮库——土壤剖面中累积的硝态氮[J].干旱地区农业研究,22(4):1-13.

李秧秧,邵明安,2000.小麦根系对水分和氮肥的生理生态反应[J].植物营养与肥料学报,6(4):383-388.

李玉山,喻宝屏,1980.土壤深层储水对小麦产量效应的研究[J].土壤学报,17(1):43-54.

梁银丽,陈培元,1996a.土壤水分和氮磷营养对冬小麦根苗生长的效应[J].作物学报(4):476-482.

梁银丽,陈培元,1996b.土壤水分和氮磷营养对小麦根系生理特性的调节作用[J].植物生态学报(3):255-262.

廖允成,韩思明,温晓霞,2002.黄土台塬旱地小麦土壤水分特征及水分利用效率研究[J].中国生态农业学报,10:55-58.

刘芬,同延安,王小英,等,2013.渭北旱塬小麦施肥效果及肥料利用效率研究[J].植物营养与肥料学报,19:552-558.

刘芬,王小英,赵业婷,等,2015.渭北旱塬土壤养分时空变异与养分平衡现状分析[J].农业机械学报,46:110-119.

刘慧,2016.我国主要麦区小麦籽粒产量和关键营养元素含量评价及调控[D].西安:西北农林科技大学.

刘晋宏,2014.不同栽培模式下优化施肥对旱地冬小麦产量和土壤水分、养分的影响[D].兰州:甘肃农业大学.

刘来华,李韵珠,1996.冬小麦水氮有效利用的研究[J].中国农业大学学报,1(5):67-73.

刘钦普,2014.中国化肥投入区域差异及环境风险分析[J].中国农业科学,47:3596-3605.

刘树堂,隋方功,韩晓日,等,2005.长期定位施肥对冬小麦品质及产量构成因素的影响[J].西北植物学报,25:1178-1183.

刘万代,2016.源库调节方式对两种穗型高产小麦碳氮代谢生理和籽粒品质的影响[D].郑州:河南农业大学.

刘文兆,李生秀,2002.作物水肥优化耦合区域的图形表达及其特征[J].农业工程学报,18(6):1-3.

刘一,2003.施肥对黄土高原旱地冬小麦产量及土壤肥力的影响[J].水土保持研究,10(1):40-42.

刘兆辉,李晓林,祝洪林,等,2001.保护地土壤养分特点[J].土壤通报,32(5):206-208.

柳伟伟,2021.增施磷肥和氮肥后移对四川丘陵旱地中强筋小麦籽粒产量和品质的影响[D].雅安:四川农业大学.

罗俊杰,黄高宝,2009.底墒对旱地冬小麦产量和水分利用效率的影响研究[J].灌溉排水学报,28(3):102-104.

罗俊杰,王勇,樊廷录,2010.旱地不同生态型冬小麦水分利用效率对播前底墒的响应[J].干旱地区农业研究,28(1):61-65.

马立珩,2011.江苏省水稻、小麦施肥现状的分析与评价[D].南京:南京农业大学.

毛婧杰,2014.基于 APSIM 模型的旱地小麦水肥协同效应分析[D].兰州:甘肃农业大学.

孟晓瑜,王朝辉,杨宁,等,2011.底墒和磷肥对渭北旱塬冬小麦产量与水、肥利用的影响[J].植物营养与肥料学报,17:1083-1090.

苗果园,尹钧,高志强,等,1997.旱地小麦降雨年型与氮素供应对产量的互作效应与土壤水分动态的研究[J].作物学报,23:263-270.

牛新胜,张宏彦,2010.华北平原冬小麦-夏玉米生产肥料管理现状分析[J].耕作与栽培:1-4.

任爱霞,孙敏,王培如,2017.深松蓄水和施磷对旱地小麦产量和水分利用效率的影响[J].中国农业科学,50(19):3678-3689.

任婕,孙敏,任爱霞,等,2020.不同抗旱性小麦品种耗水量及产量形成的差异[J].中国生态农业学报(中英文),28(2):211-220.

史国安,代文戍,2000.模拟不同降雨类型旱地冬小麦产量性状的通径分析[J].干旱地区农业研究,18(3):64-69.

史培,郝明德,何晓雁,2010.旱地不同降雨年型小麦施肥的产量效应及吸肥特性[J].西北农林科技大学学报(自然科学版),38:91-97.

苏涛,王朝辉,李生秀,2004.黄土高原地区农田土壤的硝态氮残留及其生态效应[J].农业环境科学学报(2):411-414.

孙传范,戴廷波,荆奇,等,2004.不同生育时期增铵营养对小麦生长及氮素利用的影响[J].应用生态学报(5):753-757.

孙敏,温斐斐,高志强,等,2014.不同降水年型旱地小麦休闲期耕作的蓄水增产效应[J].作物学报,40(8):1459-1469.

孙婴婴,2015.陕西省旱地小麦品种产量及相关性状演化研究[D].西安:西北农林科技大学.

谭金芳,2011.作物施肥原理与技术(第 2 版)[M].北京:中国农业大学出版社.

汪德水,1995.旱地农田肥水关系原理与调控技术[M].北京:中国农业科学技术出版社:286-292.

王朝辉,王兵,李生秀,2004.缺水与补水对小麦氮素吸收及土壤残留氮的影响[J].应用生态学报,15:1339-1343.

王凤新,冯绍元,黄冠华,等,1999.喷灌条件下冬小麦水肥祸合效应的田间试验研究[J].灌溉排水学报,18(1):10-13.

王明友,徐岱青,王晓理,等,2008.追氮时期对不同类型冬小麦籽粒产量和品质的影响[J].安徽农业科学(3):946-949.

王圣瑞,马文奇,徐文华,等,2003.陕西省小麦施肥现状与评价研究[J].干旱地区农业研究,21:31-37.

王树亮,2008.不同小麦品种对矿质元素吸收利用差异及农艺性状演变趋势[D].泰安:山东农业大学.

王秀斌,周卫,梁国庆,等,2009.优化施肥条件下华北冬小麦/夏玉米轮作体系的土壤氨挥发[J].
　　植物营养与肥料学报,15:344-351.

王月超,2019.氮肥管理对再生稻产量形成的影响及其机理研究[D].武汉:华中农业大学.

邢维芹,王林权,李立平,等,2003.半干旱区玉米水肥空间耦合效应[J].土壤,35(3):242-247.

徐萌,山仑,彭琳,1992.黄土高原地区农用水资源及其合理利用[J].自然资源(3):38-42.

徐明岗,梁国庆,2015.中国土壤肥力演变[M].北京:中国农业科学技术出版社.

徐学选,陈国良,穆兴民,1994.春小麦水肥产出协同效应研究[J].水土保持学报(4):72-78.

徐学选,穆兴民,1999.小麦水肥产量效应研究进展[J].干旱地区农业研究(3):6-12.

杨治平,陈明昌,张强,等,2007.不同施氮措施对保护地黄瓜养分利用效率及土壤氮素淋失影响
　　[J].水土保持学报(2):57-60.

姚宁,宋利兵,刘健,等,2015.不同生长阶段水分胁迫对旱区冬小麦生长发育和产量的影响[J].中
　　国农业科学,48:2379-2389.

袁静超,张玉龙,虞娜,等,2011.水肥耦合条件下保护地土壤硝态氮动态变化[J].土壤通报,42
　　(6):1335-1340.

袁巧霞,武雅娟,艾平,等,2007.温室土壤硝态氮积累的温度、水分、施氮量耦合效应[J].农业工程
　　学报,23(10):192-198.

翟丙年,李生秀,2002.冬小麦产量的水肥耦合模型[J].中国工程科学,4(9):69-74.

张北赢,2008.黄土丘陵区小流域不同土地利用方式土壤水分动态规律研究[D].咸阳:中国科学院
　　教育部水土保持与生态环境研究中心.

张达斌,2016.黄土高原地区种植豆科绿肥协调土壤水分和氮素供应的效应及机理[D].西安:西北
　　农林科技大学.

张福锁,2016.高产高效养分管理技术创新与应用[M].北京:中国农业大学出版社.

张福锁,朱耀瑄,1992.旱地小麦生产第一因素[J].干旱地区农业研究(1):39-42.

张福锁,王激清,张卫峰,等,2008.中国主要粮食作物肥料利用率现状与提高途径[J].土壤学报,
　　45:915-924.

张国平,王中琪,1993.提高小麦分蘖成穗率和单穗生产力的途径[J].浙江农业大学学报(4):
　　16-20.

张和平,刘晓楠,1993.华北平原冬小麦根系生长规律及其与氮肥磷肥和水分的关系[J].华北农学
　　报,8(4):76-82.

张娟,2014.种植密度和氮肥水平互作对冬小麦产量和氮素利用率的调控效应研究[D].泰安:山东
　　农业大学.

张立新,吕殿青,王九军,等,1996.渭北旱原不同水肥配比冬小麦根系效应的研究[J].干旱地区农
　　业研究(4):25-31.

张卫峰,马文奇,王雁峰,等,2008.中国农户小麦施肥水平和效应的评价[J].土壤通报,39:
　　1049-1055.

张魏斌,孙敏,高志强,等,2016.山西省闻喜县冬小麦水肥管理现状分析[J].中国农学通报,32
　　(24):55-62.

张锡洲,吴沂珀,李廷轩,2014.不同施氮水平下不同氮利用效率小黑麦植株氮素积累分配特性

[J]. 中国生态农业学报,22(2):151-158.

张喜英,袁小良,韩润娥,等,1994. 冬小麦根系生长规律及土壤环境条件对其影响的研究[J]. 生态农业研究,2(3):62-68.

张玉铭,张佳宝,胡春胜,等,2006. 华北太行山前平原农田土壤水分动态与氮素的淋溶损失[J]. 土壤学报,43(1):17-25.

章孜亮,刘金山,王朝辉,等,2012. 基于土壤氮素平衡的旱地冬小麦监控施氮[J]. 植物营养与肥料学报,18:1387-1396.

赵红梅,2013. 旱地小麦抗逆御旱栽培技术模式与水分运行机制[D]. 晋中:山西农业大学.

赵护兵,王朝辉,高亚军,等,2016. 陕西省农户小麦施肥调研评价[J]. 植物营养与肥料学报,22:245-253.

赵新春,王朝辉,2010. 半干旱黄土区不同施氮水平冬小麦产量形成与氮素利用[J]. 干旱地区农业研究,28:65-70.

赵振达,张金盛,1979. 提高氮肥利用率的研究 I. 磷钾肥配合施用与提高作物对氮肥利用率的关系[J]. 土壤通报(4):27-29.

中华人民共和国国家统计局,2015. 中国统计年鉴[M]. 北京:中国统计出版社.

中华人民共和国国家统计局,2017. 中国统计年鉴[M]. 北京:中国统计出版社.

中华人民共和国国家统计局,2019. 中国统计年鉴[M]. 北京:中国统计出版社.

钟良平,邵明安,李玉山,2004. 农田生态系统生产力演变及驱动力[J]. 中国农业科学,37(4):510-515.

周荣,杨荣泉,陈海军,1994. 水氮交互作用对冬小麦产量及土壤中硝化氮分布的影响[J]. 北京农业工程大学学报(4):67-71.

ALEXANDRATOS N,BRUINSMA J,2012. World Agriculture Towards 2030/2050:The 2012 Revision[R]. ESA Working paper Rome,FAO.

AN S,LIU G,GUO A,2003. Consumption of available soil water stored at planting by winter wheat[J]. Agricultural Water Management,63(2):99-107.

BARRACLOUGH P B,HOWARTH J R,JONES J,et al,2010. Nitrogen efficiency of wheat:Genotypic and environmental variation and prospects for improvement[J]. European Journal of Agronomy,33:1-11.

BASSO B,FIORENTINO C,CAMMARANO D,et al,2012. Analysis of rainfall distribution on spatial and temporal patterns of wheat yield in Mediterranean environment[J]. European Journal of Agronomy,41:52-65.

BEHERA S N,SHARMA M,2010. Investigating the potential role of ammonia in ion chemistry of fine particulate matter formation for an urban environment[J]. Science of the Total Environment,408:35-69.

BERNARD S M,HABASH D Z,2009. The importance of cytosolic glutamine synthetase in nitrogen assimilation and recycling[J]. New Phytologist,182(3):608-620.

BINDRABAN P S,SAYRE K D,SOLIS-MOYA E,1998. Identifying factors that determine kernel number in wheat[J]. Field Crops Research,58:223-234.

BLOOM T N,SYLVESTER-BRADLEY R,VAIDYANATHAN L V,et al,1988. Apparent recov-

ery of fertiliser nitrogen by winter wheat[J]//Nitrogen Efficiency in Agricultural Soils. London:
Elsevier Applied Science:27-37.

CHEN X,CUI Z,FAN M,et al,2014. Producing more grain with lower environmental costs[J]. Nature,514:486.

CIAMPITTI I A,ZHANG H,FRIEDEMANN P,et al,2012. Potential physiological frameworks for mid-season field phenotyping of final plant nitrogen uptake,nitrogen use efficiency,and grain yield in maize[J]. Crop Science,52:2728-2742.

CRAWFORD N M, GLASS A D,1998. Molecular and physiological aspects of nitrate uptake in plants[J]. Trends in Plant Science,3(10):389-395.

CUI Z,YUE S,WANG G,et al,2013. In-season root-zone N management for mitigating greenhouse gas emission and reactive N losses in intensive wheat production[J]. Environmental Science and Technology,47:6015-6022.

DAI J,WANG Z,LI M,et al,2016. Winter wheat grain yield and summer nitrate leaching: Long-term effects of nitrogen and phosphorus rates on the Loess Plateau of China[J]. Field Crops Research,196:180-190.

DORDAS C A,2009. Dry matter,nitrogen and phosphorus accumulation,partitioning and remobilization as affected by N and P fertilization and source-sink relations[J]. European Journal of Agronomy,30(2):129-139.

ELMIEN H, MUTSUMI W, ALEXANDER E, et al, 2017. Characterization of the wheat leaf metabolome during grain filling and under varied n-Supply[J]. Frontiers in Plant Science,8:2048.

ERCOLI L,LULLI L,MARIOTTI M,et al,2008. Post-anthesis dry matter and nitrogen dynamics in durum wheat as affected by nitrogen supply and soil water availability[J]. European Journal of Agronomy,28(2):138-147.

ERISMAN J W,SUTTON M A,GALLOWAY J,et al,2008. How a century of ammonia synthesis changed the world[J]. Nature Geoscience,1:636-639.

FAN M,SHEN J,YUAN L,et al,2012. Improving crop productivity and resource use efficiency to ensure food security and environmental quality in China[J]. Journal of Experimental Botany,63:13-24.

FAN T,STEWART B A, YONG W,et al,2005. Long-term fertilization effects on grain yield,water-use efficiency and soil fertility in the dryland of Loess Plateau in China[J]. Agriculture,Ecosystems and Environment,106:313-329.

FLATO G,MAROTZKE J, ABIODUN B, et al,2013. Evaluation of Climate Models[C]//Climate Change 2013:The Physical Science Basis. Contribution of Working Group I to the Fifth Assessment Report of the Intergovernmental Panel on Climate Change:159-254.

GALLOWAY J N,TOWNSEND A R,ERISMAN J W,et al,2008. Transformation of the nitrogen cycle:Recent trends,questions,and potential solutions[J]. Science,320:889-892.

GUITMAN M R,ARNOZIS P A,BARNEIX A J,1991. Effect of source-sink relations and nitrogen nutrition on senescence and N remobilisation in the flag leaf of wheat[J]. Physiologia Plantarum,82:278-284.

GUO S,ZHU H,DANG T,et al,2012. Winter wheat grain yield associated with precipitation distribution under long-term nitrogen fertilization in the semiarid Loess Plateau in China[J]. Geoderma,189:442-450.

HAMNÉR K,WEIH M,ERIKSSON J,et al,2017. Influence of nitrogen supply on macro-and micronutrient accumulation during growth of winter wheat[J]. Field Crops Research,213:118-129.

HE G,WANG Z,LI F,et al,2016. Soil water storage and winter wheat productivity affected by soil surface management and precipitation in dryland of the Loess Plateau,China[J]. Agricultural Water Management,171:1-9.

HEALD C L,COLLETT J R,LEE T,et al,2012. Atmospheric ammonia and particulate inorganic nitrogen over the United States[J]. Atmospheric Chemistry and Physics,12:10295-10312.

HIREL B,LEGOUIS J,NEY B,et al,2007. The challenge of improving nitrogen use efficiency in crop plants:Towards a more central role for genetic variability and quantitative genetics within integrated approaches[J]. Journal of Experimental Botany,58:2369-2387.

HOCHMAN Z,1982. Effect of water stress with phasic development on yield of wheat grown in a semi-arid environment[J]. Field Crops Research,5:55-67.

HUANG M,WANG Z,LUO L,et al,2017. Soil testing at harvest to enhance productivity and reduce nitrate residues in dryland wheat production[J]. Field Crops Research,212:153-164.

JU X,CHRISTIE P,et al,2011. Calculation of theoretical nitrogen rate for simple nitrogen recommendations in intensive cropping systems:A case study on the North China Plain[J]. Field Crops Research,124:450-458.

JUSTES E,MARY B,MEYNARD J M,et al,1994. Determination of a critical nitrogen dilution curve for winter wheat crops[J]. Annals of Botany,74:397-407.

KIRKEGAARD J A,LILLEY J M,HOWE G N,et al,2007. Impact of subsoil water use on wheat yield[J]. Australian Journal of Agricultural Research,58(4):303-315.

LEMAIRE G,GASTAL F,1997. N uptake and distribution in plant canopies[J]//Diagnosis of the Nitrogen Status in Crops. Heidelberg:Springer Verlag:3-43.

LI H,HUANG G,MENG Q,et al,2011. Integrated soil and plant phosphorus management for crop and environment in China. A review[J]. Plant Soil,349:157-167.

LI S X,WANG Z H,MALHI S S,et al,2009. Nutrient and water management effects on crop production,and nutrient and water use efficiency in dryland areas of China[J]. Advances in Agronomy,102:223-265.

LIANG B C,MACK,1994. Changes of soil nitrate nitrogen and denitrification as affected by nitrogen fertilizer on two Quebec soils[J]. Journal of Environmental Quality,23(3):521-525.

LIU H,WANG Z,YU R,et al,2016. Optimal nitrogen input for higher efficiency and lower environmental impacts of winter wheat production in China[J]. Agriculture, Ecosystems and Environment,224:1-11.

LÓPEZ-BELLIDO L,FUENTES M,CASTILLO J E,et al,1996. Long-term tillage,crop rotation,and nitrogen fertilizer effects on wheat yield under rainfed Mediterranean conditions[J]. Agronomy Journal,88:783-791.

LÓPEZ-BELLIDO L,LÓPEZ-BELLIDO R J,REDONDO R,2005. Nitrogen efficiency in wheat un-
der rainfed Mediterranean conditions as affected by splitnitrogen application[J]. Field Crops Re-
search,94:86-97.

LUCIE B,VALSANGIACOMO A,BUREL E,et al,2016. Integrating simulation data from a crop
model in the development of an agri-environmental indicator for soil cover in Switzerland[J]. Eu-
ropean Journal of Agronomy,76(8):149-159.

MASCLAUX C,QUILLERE I,GALLAIS A,et al,2001. The challenge of remobilization in plant
nitrogen economy:A survey of physio-agronomic and molecular approaches[J]. Annals of Applied
Biology,138:69-81.

MARTRE P,PORTER J R,JAMIESON P D,et al,2003. Modelling grain nitrogen accumulation
and protein composition to understand the sink/source regulations of nitrogen remobilisation for
wheat[J]. Plant Physiol,133:1959-1967.

MCMASTER G S,WILHELM W W,2004. Phenological responses of wheat and barley to water
and temperature:Improving simulation models[J]. Journal of Agricultural Science,141:129-147.

NIELSEN D C,VIGIL M F,ANDERSON R L,et al,2002. Cropping system influence on planting
water content and yield of winter wheat[J]. Agronomy Journal,94:962-967.

NIELSEN D C,UNGER P W,MILLER P R,2005. Efficient water use in dryland cropping systems
in the Great Plains[J]. Agron,97:364-372.

PALA M,MATAR A,MAZID A,1996. Assessment of the effects of environmental factors on the
response of wheat to fertilizer in on-farm trials in a Mediterranean type environment[J]. Experi-
mental Agriculture,32:339-349.

PAPAKOSTA D K,GAGIANAS A,1991. Nitrogen and dry matter accumulation,remobilization,
and losses for Mediterranean wheat during grain filling[J]. Agronomy Journal,83(5):864-870.

PASK A J,2009. Optimising nitrogen storage in wheat canopies for genetic reductionin fertiliser ni-
trogen inputs[D]. NottinghamL:University of Nottingham.

PASK A J,SYLVESTER-BRADLEY R,JAMIESON P D,2012. Quantifying how winter wheat
crops accumulate and use nitrogen reserves during growth[J]. Field Crops Research, 126:
104-118.

QAYYUM A,PERVAIZ M K,2010. Impact of weighted rainfalls on the yield of wheat in the Pun-
jab,Pakistan[J]. African Journal of Agricultural Research,5:3017-3025.

REN A,SUN M,XUE L,et al,2019. Spatio-temporal dynamics in soil water storage reveals effects
of nitrogen inputs on soil water consumption at different growth stages of winter wheat[J]. Agri-
cultural Water Management,216:379-389.

RUSSELL E J,2010. Soil Conditions and Plant Growth[M]. London:Longman Publishing.

SADRAS V,ROGET D,OLEARY G,2002. On-farm assessment of environmental and management
constraints to wheat yield and efficiency in the use of rainfall in the Mallee[J]. Australian Journal
of Agricultural Research,53:587-598.

SADRAS V,ANGUS J F,2006. Benchmarking water-use efficiency of rainfed wheat in dry environ-
ments[J]. Crop and Pasture Science,57:847-856.

SEBILO M,MAYER B,NICOLARDOT B,et al,2013. Long-term fate of nitrate fertilizer in agricultural soils[J]. Proceedings of the National Academy of Science of the United States of America, 110:18185-18189.

SHANGGUAN Z P,SHAO M A,LEI T W,et al,2002. Runoff water management technologies for dryland agriculture on the Loess[J]. International Journal of Sustainable Development and World Ecology,9:341-350.

SHIMSHI D,1970. The effect of nitrogen supply on some indices of plant-water relations of beans (Phaseolus vulgaris L.)[J]. New Phytologist,21:413-424.

SIMS J T,MA L,OENEMA O,et al,2013. Advances and challenges for nutrient management in China in the 21st Century[J]. Journal of Environmental Quality,42:947-950.

STANFORD G,EPSTEIN E,1974. Nitrogen mineralization-water relations in soils[J]. Soil Science Society of America Journal,38:103-107.

SUN M,REN A X,GAO Z Q,et al,2018. Long-term evaluation of tillage methods in fallow season for soil water storage,wheat yield and water use efficiency in semiarid southeast of the Loess Plateau[J]. Field Crops Resarch,218:24-32.

UNGER P W,PAYNE W A,PETERSON G A,et al,2006. Water conservation and efficient use [J]. Dryland Agriculture Agronomymonogra:39-85.

VITOUSEK P M,NAYLOR R,CREWS T,et al,2009. Nutrient imbalances in agricultural development[J]. Science,324:1519-1520.

WANG Q J,CHEN H,LI H W,et al,2009. Controlled traffic farming with no tillage for improved fallow water storage and crop yield on the Chinese Loess Plateau[J]. Soil and Tillage Research, 104(1):192-197.

WANG X,TONG Y,GAO Y,et al,2014. Spatial and temporal variations of crop fertilization and soil fertility in the loess plateau in china from the 1970s to the 2000s[J]. Plos One,9:112-127.

XUE L,KHAN S,SUN M,et al,2019. Effects of tillage practices on water consumption and grain yield of dryland winter wheat under different precipitation distribution in the loess plateau of China[J]. Soil Tillage Res,191:66-74.

YU S,SHAHBAZ K,MO F,et al,2021. Determining optimal nitrogen input rate on the base of fallow season precipitation to achieve higher crop water productivity and yield[J]. Agricultural Water Management,246:10-16.

ZHANG B,WU P,ZHAO X,et al,2014. Assessing the spatial and temporal variation of the rainwater harvesting potential (1971—2010) on the Chinese Loess Plateau using the VIC model[J]. Hydrological Processes,28(3):534-544.

ZHANG S,SADRAS V,CHEN X,et al,2013. Water use efficiency of dryland wheat in the Loess Plateau in response to soil and crop management[J]. Field Crops Research,151(9):9-18.

ZHANG S,GAO P,TONG Y,et al,2015. Overcoming nitrogen fertilizer over-use through technical and advisory approaches:A case study from Shaanxi Province,northwest China[J]. Agriculture, Ecosystems and Environment,209:89-99.

ZHANG W,CAO G,LI X,et al,2016. Closing yield gaps in China by empowering small holder farmers[J]. Nature,537:671.

ZHOU M,BUTTERBACH-BAHL K,2013. Assessment of nitrate leaching loss on a yield-scaled basis from maize and wheat cropping systems[J]. Plant and Soil,374:977-991.

ZHOU J,GU B,SCHLESINGER W H,et al,2016. Significant accumulation of nitrate in Chinese semi-humid croplands[J]. Scientific Reports,6:25-30.

附录 黄土高原旱作麦区农户 小麦田间管理调研表

农户编号：_____姓名：_____联系方式(手机或电话)：_____

地址：_____省_____县_____乡_____村 邮 编：_____

调查日期：_____年_____月_____日 调查人：_____

联系方式(手机或电话)：_____

1. 基本情况

小麦种植面积：_____亩,总产：_____ kg,出售：_____ kg。

2. 农田基本条件

土壤质地：1 砂壤土,2 壤土,3 黏壤土。

土层厚度：1 1 m 以上,2 30～50 cm,3 30 cm 以下。

地形：1 平原地,2 山坡地。

排水状况：1 不良,2 良好。

3. 整地

前茬作物名称：_____,产量：_____ kg/亩,收获时期：_____月_____日,秸秆是否还田：1 是,2 否。

翻地方式：1 免耕,2 旋耕,3 耕翻;翻地深度：_____ cm。

4. 播种

播种量：_____ kg/亩;播种时期：_____月_____日;播种动力：1 机械,2 畜力,3 人工;播种方式：1 穴播,2 撒播,3 条播,4 垄覆沟播,5 全膜覆盖,6 其他_____;播种深度：_____ cm。

5. 病虫草害及防治情况

主要病害:1 赤霉病,2 白粉病,3 条锈病,4 叶锈病,5 纹枯病,6 根腐病,7 黑穗病,8 全蚀病,9 其他_____。

主要虫害:1 麦蚜,2 吸浆虫,3 麦茎蜂,4 红蜘蛛,5 黏虫,6 蝼蛄,7 蛴螬,8 金针虫,9 地老虎,10 其他_____。

主要草害:1 野燕麦,2 节节麦,3 看麦娘,4 播娘蒿,5 猪殃殃,6 其他_____。

年喷药次数:_____次;喷药机械:1 小型,2 中型,3 大型。

6. 收获

收获时间:_____月_____日;收割方式:1 机械收割,2 人力收割。

品种名称 1:_____;作物产量 1:_____ kg/亩;品种名称 2:_____;作物产量 2:_____ kg/亩;

品种名称 3:_____;作物产量 3:_____ kg/亩;品种名称 4:_____;作物产量 4:_____ kg/亩。

7. 残茬和秸秆处理

留茬高度:_____ cm;根茬处理方式:1 收后焚烧,2 立即翻耕,3 不处理。

收割后秸秆处理方式:1 田间焚烧,2 做燃料,3 做饲料,4 翻压还田,5 粉碎还田,6 覆盖还田,7 出售。

8. 小麦氮磷钾肥料施用

施肥时期中的小麦生育时期为:播种前、播种时、冬前分蘖期、越冬期、返青期、拔节期、孕穗期、抽穗期、灌浆中期(顶满仓)、收获期等。

肥料名称代码:1 尿素,2 碳铵,3 二铵,4 氯化钾,5 硫酸钾,6 复合肥,7 过磷酸钙(钙镁磷肥),8 叶面肥(如选此项,请在表中写出名称),9 鸡粪,10 牛马驴粪,11 猪粪,12 土杂肥,13 沼肥,14 复合、复混、配方肥(如选此项,请在表中写出名称),15 其他(如选此项,请在表中写出名称)。

施肥方法:1 条施,2 穴施,3 撒施,4 水肥一体化技术,5 灌水前撒施,6 趁早春土壤返潮施,7 趁雨雪施,8 叶面喷施,9 其他(如选此项,请在表中写出名称)。

施肥次序	项目	施肥品种			
		第1种	第2种	第3种	第4种
播种期 时期__月__日	肥料名称				
	养分含量情况/%	N:__ P₂O₅:__ K₂O:__	N:__ P₂O₅:__ K₂O:__	N:__ P₂O₅:__ K₂O:__	N:__ P₂O₅:__ K₂O:__
	施肥量/(kg/亩)				
	施肥方法	1、2、3、4、5、6、 7、8、9	1、2、3、4、5、6、 7、8、9	1、2、3、4、5、6、 7、8、9	1、2、3、4、5、6、7、 8、9
播种时 时期__月__日	肥料名称				
	养分含量情况/%	N:__ P₂O₅:__ K₂O:__	N:__ P₂O₅:__ K₂O:__	N:__ P₂O₅:__ K₂O:__	N:__ P₂O₅:__ K₂O:__
	施肥量/(kg/亩)				
	施肥方法	1、2、3、4、5、6、 7、8、9	1、2、3、4、5、6、 7、8、9	1、2、3、4、5、6、 7、8、9	1、2、3、4、5、6、7、 8、9
第1次追肥 时期_____ 时期__月__日	肥料名称				
	养分含量情况/%	N:__ P₂O₅:__ K₂O:__	N:__ P₂O₅:__ K₂O:__	N:__ P₂O₅:__ K₂O:__	N:__ P₂O₅:__ K₂O:__
	施肥量/(kg/亩)				
	施肥方法	1、2、3、4、5、6、 7、8、9	1、2、3、4、5、6、 7、8、9	1、2、3、4、5、6、 7、8、9	1、2、3、4、5、6、7、 8、9
第2次追肥 时期_____ 时期__月__日	肥料名称				
	养分含量情况/%	N:__ P₂O₅:__ K₂O:__	N:__ P₂O₅:__ K₂O:__	N:__ P₂O₅:__ K₂O:__	N:__ P₂O₅:__ K₂O:__
	施肥量/(kg/亩)				
	施肥方法	1、2、3、4、5、6、 7、8、9	1、2、3、4、5、6、 7、8、9	1、2、3、4、5、6、 7、8、9	1、2、3、4、5、6、7、 8、9

续表

施肥次序	项目	施肥品种			
		第1种	第2种	第3种	第4种
第3次追肥 时期_____ 时期__月__日	肥料名称				
	养分含量情况/%	N：__ P$_2$O$_5$：__ K$_2$O：__	N：__ P$_2$O$_5$：__ K$_2$O：__	N：__ P$_2$O$_5$：__ K$_2$O：__	N：__ P$_2$O$_5$：__ K$_2$O：__
	施肥量/(kg/亩)				
	施肥方法	1、2、3、4、5、6、 7、8、9	1、2、3、4、5、6、 7、8、9	1、2、3、4、5、6、 7、8、9	1、2、3、4、5、6、7、 8、9
第4次追肥 时期_____ 时期__月__日	肥料名称				
	养分含量情况/%	N：__ P$_2$O$_5$：__ K$_2$O：__	N：__ P$_2$O$_5$：__ K$_2$O：__	N：__ P$_2$O$_5$：__ K$_2$O：__	N：__ P$_2$O$_5$：__ K$_2$O：__
	施肥量/(kg/亩)				
	施肥方法	1、2、3、4、5、6、 7、8、9	1、2、3、4、5、6、 7、8、9	1、2、3、4、5、6、 7、8、9	1、2、3、4、5、6、7、 8、9

9. 小麦生产投入

种子价格：_____元/kg；播量：_____kg/亩；种子总成本：_____元/亩。

播种用工：_____个/亩；工价：_____元/个；播种机械费用：_____元/亩；播种总成本：_____元/亩。

翻耕：_____次；用工：_____个/亩；工价：_____元/个；机械费用：_____元/亩；翻耕总成本：_____元/亩。

覆膜、秸秆：_____次；用工：_____个/亩；工价：_____元/个；地膜费用：_____元/亩；秸秆：_____元/亩；覆膜、秸秆总成本：_____元/亩。

防病虫：_____次；用工：_____个/亩；工价：_____元/个；农药：_____元/亩；防病虫总成本：_____元/亩。

除草：_____次；用工：_____个/亩；工价：_____元/个；除草剂：_____元/亩；除草总成本：_____元/亩。

灌水：_____次；灌水总量：_____m³/亩；水价1：_____元/m³；水价2：_____

元/亩;用工:＿＿＿个/亩;工价:＿＿＿元/个;灌水总成本:＿＿＿元/亩。

化肥:＿＿＿元/亩;有机肥:＿＿＿元/亩;用工:＿＿＿个/亩;工价:＿＿＿元/个;施肥总成本:＿＿＿元/亩。

收获机械费用:＿＿＿元/亩;用工:＿＿＿个/亩;工价:＿＿＿元/个;收获总成本:＿＿＿元/亩。

总成本投入:＿＿＿元/亩;年度总投入:＿＿＿元(乘种植面积)。

10. 小麦生产收入

籽粒产量:＿＿＿kg/亩;总产:＿＿＿kg;出售:＿＿＿kg;价格:＿＿＿元/kg;销售收入:＿＿＿元。

秸秆产量:＿＿＿kg/亩;总产:＿＿＿kg;出售:＿＿＿kg;价格:＿＿＿元/kg;销售收入:＿＿＿元。

销售总收入:＿＿＿元/亩;年度总收入:＿＿＿元(乘种植面积)。

11. 您期望您家的小麦今后

1 产量增加,2 品质提高,3 产量和品质同时提高。

12. 您觉得产量(或品质)提高的限制因素是什么(可多选)

1 地块太小,2 土层薄(<30 cm),3 土壤酸化,4 土壤盐碱,5 砂石多(>10％),6 土壤污染,7 水土流失重,8 品种不好,9 管理不够精细,10 肥料管理技术,11 水分管理技术,12 病虫害,13 旱涝灾害,14 冻热灾害,15 机械不到位,16 其他＿＿＿＿＿＿＿＿。

13. 您现在最需要国家哪项支持

1 提高国家补贴,2 提高农产品市场价格,3 提高农资质量,4 稳定农资价格,5 修缮农田水利,6 提供贷款,7 其他＿＿＿＿＿＿＿。

14. 您现在急需要哪方面的技术

1 培肥地力技术,2 增产栽培措施,3 肥料管理技术,4 水分管理技术,5 产品保管和加工技术,6 轻简＿＿＿＿＿＿＿＿机械,7 其他技术＿＿＿＿＿＿＿＿。